整合行銷
傳播策略與企劃

Integrated
Marketing
Communications & Planning

王福闓 著

序

　　這本書的緣起，來自於在教書時，希望能用自己可以理解的架構來撰寫教材與教授課程。在學習時總是對於能引發進一步閱讀的書籍，不論是商業書、教科書，甚至是較冷門的理論書籍，總是有種獨特的偏好。可惜因為長期必須兼顧工作與學業的情形下，就無法過度沉潛文字的發展與琢磨。進而發現許多人也有著相關的困擾。整合行銷傳播在業界早已是運作已久的重要行銷模式，也在大專院校成為一門重要的進階課程，基礎上必須了解行銷管理與策略、品牌管理、消費者分析、傳播理論，以及廣告、公共關係甚至數位行銷。也讓教授的老師與學習的學生們，甚至有興趣的從業人員，都有著學習與閱讀的壓力。

　　本書也是從這個角度出發，若是以商業書的面向，希望能提供不論現在或未來從事行銷企劃管理的朋友，能對整合行銷傳播有較為完

整的概念與發想的方向。以教科書的層面來說，對於傳播、行銷與管理相關科系的學生，更是可以快速了解整合行銷傳播在理論與實務的結合，亦可做為教授整合行銷傳播的老師，參考的架構與方向。

　　或許是使命的驅動，以及因上帝的帶領而進入學界的感動，盡力完成此書。或許未能盡善盡美，文字也稍嫌苦澀與僵硬，但仍希望能順利為讀者，帶來實質上的助益。最後感謝紅螞蟻圖書的李錫東總經理，成為敝人第一本著作的推手、以及父親的指教、家人的支持、女友的鼓勵，以及所有願意成為本書推薦人的長輩朋友，祝大家　平安喜樂 福杯滿溢

王福闓 謹誌於
中華民國一百年十月十七日

■ 第一篇　管理篇

3. 整合行銷傳播與策略分析

■ 第二篇　傳播篇

8.　整合行銷傳播工具─廣告與媒體採購

9.　整合行銷傳播工具─公共關係與合作贊助行銷

10.　整合行銷傳播工具－體驗行銷、事件行銷與會展行銷

11.　整合行銷傳播工具－促銷、直效行銷與人員銷售

■個案介紹

第一篇

管理篇

1

整合行銷傳播的概念

1.1

行銷環境的改變與趨勢

1.1.1 行銷觀點的演變

行銷模式的改變

　　從早期的產品導向思考，生產者和行銷者掌握所有主導權力，到通路導向思考，通路可以蒐集並掌握更多消費者實際市場行為的資料，找出市場中的關鍵影響者。因為網際網路、資訊科技的發達，現在的消費者導向思考，使得消費者掌握市場的知識與決定權。商品與通路的行銷人員必須共享消費者資訊，才能滿足消費者的需求。整合行銷發展至今，已有數十年的進展與變化，從傳統行銷的行銷觀點是為暸解決特定問題的思考方式，到從管理的面向出發，包含生產、銷售、人力資源、研發、財務等管理元素結合。

　　整合行銷傳播必須分析環境並擬定計畫，使4P—產品、通路、價格、銷售促進等行銷管理工具策略性的運用。傳統行銷的行銷策略以廠商的角度與產品功能為主，但是當市場區隔太過廣泛而且並不具體時，不容易找到真正的目標對象。過去的推廣策略是以規劃大眾傳播工具運用為主，希望能使消費者透過媒體就受到影響，但是消費者與品牌卻沒有真正的連結。單純的促銷活動尤其是針對價格，造成的作

用是短期且容易傷及品牌價值。

溝通媒體的轉型

訊息的混亂造成媒體的可信度的降低，媒體環境的改變使行銷人員重新思考，如何更有效地和消費者溝通，由大眾傳播轉變為目標對象溝通閱聽眾的區隔必須更加細分，使得分眾媒體的價值大幅提升。媒介的變化與播放形式或設備並不影響消費者對內容的需求，消費者對所感興趣的資訊內容，依然有龐大的需求市場。但是使用者受到引誘的原因增加，消費者對數位媒體的使用與接收模式，改變對傳統電視媒體的使用情況。電腦、智慧型手機以及其他數位媒介，都使行銷的效果與影響有不同的評估方式。

傳統傳播產業的獲利基礎，逐漸被免費的資源所取代，報紙與雜誌這類平面媒體，必須接受可能在網路上提供即時性的內容，來滿足受到改變的讀者閱讀習慣。大量的廣告稀釋了消費者長期訂購的意願，媒體透過來自品牌所需要的整合活動來獲取利潤，形成由內容置入與網路廣告收益來取得收益，而不是靠訂閱費用和平面廣告。媒體集團的興起，造成了跨媒體的整合行銷溝通模式。從報紙、雜誌到電視、網路，專案的運作成為另一種訊息整合的傳播。媒體併購與策略聯盟，到跨媒體的競爭與合作，都顯示資訊傳播的模式改變。

1.1.2 市場決定權力轉變

消費者需求未獲得滿足

價格導向與競爭市場衍生出的競爭形態，造成了大量的複製與改

良商品。在勞動成本低廉的國家製造，並透過壓低市場價格來薄利多銷。但這樣的模式卻無法讓消費者對品牌產生認同，只是建立在基本的功能使用。更多的消費者思考甚至期望，與所使用的商品品牌存在意義上的連結。消費者在乎品牌的使用，不論是實體商品或服務，不再只是內容與功能，更重視使用的情境與經驗。

經濟景氣低迷，帶來低價（平價）產品新商機，品牌必須跟消費者溝通價值與價格的差異關鍵。帶來購物便利的超商、便利超市、大型購物中心及連鎖加盟直營業等業態持續成長，並運用主題式促消活動，把顧客吸引到店裡來消費。互動市場上，消費者掌握控制市場的選擇權與淘汰權，不但因為眾多的同質性品牌競爭而增加了選擇的空間，更可以在不同的通路完成購買行為，品牌必須強化在消費者眼中的獨特性，讓消費者有購買的意願。

個人傳播媒介的影響

個人傳播設備可以藉由網路連結來進行傳播，其他使用者就能在任何地方藉由連結網路的設備觀看。個人化傳播設備讓消費者可隨時取得資訊，選擇收到資訊，並自創內容甚至分享。消費者建立自己的傳播模式、內容可以自己創造發揮，傳播的方式、時間也都由消費者自行決定和安排。網路充滿動態及自我創作的資源，消費者者可以把這些素材塑成適合自己風格的形式。消費者對於客制化的媒體使用需求越來越高，想要製作屬於自己的內容，成為消費者、創作者與傳播者的合體。

現在的數位大眾媒體已經可以掌握到使用者瀏覽搜尋的習慣，網路媒體的演進，代表行銷人員與消費者對傳播的認知必須改觀，廣告內容將不再侷限於影像本身。消費者可以參與並且讓有興趣的觀看者

自行選擇，之後才連結到影片。參與者可以期待與自己相關的廣告內容，並分享給朋友，使自己也成為了廣告的媒介。網路媒體整合以影片為主的內容，並且善用與消費者的互動能力，成為更具參與度的媒介。行銷人員必須思考如何依據消費者合適的時間、在不同的螢幕平台上觀看流動廣告內容。

1.1.3 為何需要整合行銷

行銷資源的有效運用

　　企業與組織在行銷工具的投資上相當高，整合行銷相關的資源並提供有效的傳播工具，達到增加消費者接觸與瞭解產品或服務的機會。結合整合傳播工具的不同效果以達到綜效，不但可以降低不必要的行銷費用支出，更使目標受眾能聚集焦點。專案的行銷計畫能提升組織對於新想法、觀念的接受度，察覺並符合滿足消費者需求的速度，使品牌能從眾多競爭者中獲得較佳的利益，能根據消費者資料加以分析，利用資訊科技傳播形式和顧客建立關係。

　　品牌的建立必須長期規劃經營，許多企業在轉型的過程抗拒改變帶來的影響，包含組織架構的調整、行銷成員的能力和專案的控制能力，以及必須系統性的規劃行銷策略。整合行銷傳播必須從管理高層開始參與，打造以消費者者導向的組織與行銷溝通模式。集中統合傳播的管道並確認傳播的效益，才能維持競爭的優勢。品牌必須從消費者洞察的分析找出可影響顧客行為的有效訊息與誘因，運用結合組織所能帶來的服務和價值。

對等互惠與客戶關係維持

　　品牌透過提供產品或服務與消費者建立關係，若是消費者認同並達到滿足，便能維持關係的建立。但若感覺不滿足就會導致關係變化，減少該品牌的購買、降低忠誠度，或是增加使用競爭產品或服務的機會，甚至斷絕關係的維繫，改用別的品牌、產品或服務。縱然行銷研究所獲的的資訊收集和分析已經較容易取得，但還是有許多公司不瞭解真正得目標顧客，也無從分析確認顧客現在和潛在的價值。

　　以產品特色做為溝通主軸的觀念逐漸改變，服務成為商品的一部分甚至就是獨立的商品，與消費者互動並瞭解需求，才能長期經營品牌的價值。許多品牌已經開始接觸互動性和網路式的行銷與傳播，但在大多數組織內仍有許多需要改變的溝通與思維。希望消費者維持忠誠度，必須讓消費者能將對品牌的回應更便利的傳達。並將消費者本身納入品牌的接觸點，成為傳播的一環，在社群的互動當中，甚至影響其他的消費者決策考量。

1.1.4 整合行銷溝通的趨勢

環境改變創造商機

　　利用行銷組合來管理行銷策略，就能維持成長。然而模式裡並沒有針對顧客或利潤來做評估。競爭的產品與服務不斷推陳出新，顧客與潛在顧客永遠不容易被滿足的情況下，行銷人員必須把消費者看得更加重要。也由於他們掌握了消費大權，行銷人員無不認為必須持續打造行銷傳播的價值鏈。從過去的「市佔率」到現在的「心佔率」，

取得市場優勢才成為獲利的關鍵。

　　有限的行銷費用使行銷傳播工具產生競合作用，廣告、公關活動、促銷和與銷售人員、媒體的宣傳方式必須彼此相互結合運用。無論是折扣、競賽還是其它能增進短暫銷量的誘因的行銷工具，必須結合非大眾傳播工具，才能達成預設的效益與價值。而消費者更會經由事件行銷與體驗活動的參與，增加品牌的認同。愈來愈多的行銷費用必須在「大眾媒體」與「分眾媒體」選擇，整合行銷在行銷與媒體選項的市場，具備了溝通訊息一致、工具整合運用與綜效產生的特性。

傳播工具代理商的效益

　　傳播媒體的多元化導致整體的行銷傳播的費用提高，但達成的效果卻不見得成正比，品牌組織也不可能大幅擴編行銷部門的人員，所以透過專業的整合行銷協力廠商，例如廣告代理公司、公關公司來完成行銷專案的執行成為必然的結果。整合行銷協力廠商是服務品牌客戶的行銷外部組織。這些組織在各種傳播工具的運用上具備專業技能，甚至持續在數位、直效行銷與促銷發展更有效的操作與服務，或是併購已具備這些專長的公司。

　　這些代理商的組織也因應品牌的全球化與專業化，必須形成集團的服務模式，來促成整合的效益。品牌客戶並不會將全部的行銷工具操作交給同一家傳播工具代理商，因為這樣的風險太大，而是借用其專長來滿足品牌核心的傳播目的並形成長期關係。

1.2

整合行銷傳播的基本概念

1.2.1 整合行銷傳播的定義與要素

整合行銷傳播的定義

　　眾多的學者針對整合行銷傳播提出過不同的定義，其中以Schultz在1993年定義的：「整合行銷傳播是一種長期間對消費者及潛在消費者發展、執行不同形式的說服傳播計畫過程。整合行銷傳播是由消費者和潛在消費者出發，以及決定一個說服計畫所應發展的形式與發展。」是從消費者的溝通為主軸，也較為常見。其他的組織與學者，所強調的定義歸納後包含以下面向：

● 是以行銷4P為基礎的傳播概念，以經由完整策略與計畫來達成其目的。

● 具備短中長期的不同專案特質，從規劃、發展、執行與評估衡量的傳播計畫。

● 運用調查研究資料作為基礎，並整合運用合適的傳播工具來達成最佳效益。

● 傳播者為企業、組織或個人，最終的目的是以品牌溝通建立為主。

● 接收者為消費者、潛在消費者與利害關係人，從需求者的需求角度

出發。

整合的必需要素

　　整合行銷傳播必須經由整合才能發揮效果，從品牌的核心價值與需求選擇傳播工具，且依據各傳播工具的特色來運用發揮。運用合適的行銷和傳播計畫上來達成訊息溝通，需要整合的層面包含訊息、策略、創意、媒體運用與效益回饋。從消費者溝通的層面，必須瞭解消費者內在的需求與動機，以及外在影響消費的因素，需要整合的層面分為品牌端與消費者端：

品牌端	消費者端
訊息傳播的整合。	訊息接收的整合。
行銷策略與執行的整合。	使用與體驗的整合。
傳播工具與內外部組織的整合。	個人與社群需求滿足的整合。

1.2.2 整合行銷傳播的目的

增加與擴大消費族群

　　品牌發展的產品、服務及溝通方式，必須使消費者感動並且認同。必須從消費者行為及調查研究分析中觀察，真正的消費者輪廓、消費者對品牌的認知，以及期望的消費經驗。爭取新的顧客是讓這些人接觸或瞭解品牌，而維繫現有消費者則必須提高所帶來的銷售量或利潤，讓消費者成為品牌的忠誠者。透過品牌延伸的效應，轉移現有的顧客的消費行為，也是策略的一環。

組織目標達成共識

　　整合行銷傳播策略的組織，必須由外而內的規劃都應該具備一致且清楚的目標、整合與協調的能力。組織的整合使行銷與傳播上更有效率，行銷費用與和預期結果在計畫中清楚的說明並讓各成員瞭解，並將行銷部門、商品部門與業務部門間的目標整合管理，達成業績目標並建立品牌形象與忠誠，最後提高公司或品牌權益，以創造員工與投資者的價值。

結合消費者與品牌目標

　　瞭解並打造顧客導向的品牌，是品牌成功與否的指標，強化擴大品牌對顧客的認識與瞭解，吸引並留住可以帶來收益的消費者。當消費者的需求與品牌的發展目標都明確，找到雙方的最大公約數並加以實踐，開發合適的產品或服務，並確認消費者回應的正面性。投入行銷資源與溝通必要的代價，達成消費者與品牌的連結，最後持續運作顧客關係管理的系統，使品牌與消費者獲得雙贏。

1.2.3 整合行銷傳播的特性

訊息的一致性

　　將所有的形象與訊息加以結合並強化，在市場上建立完整的品牌溝通模式，所有訊息、定位與形象，以及所需運用的行銷溝通工具加以協調與整合。品牌的接觸點，也就是顧客可接觸到公司、產品及品牌的地方，都應該傳送一致且正面的訊息。確保所有的行銷溝通工具可以互相配合，使訊息傳遞更有效。

品牌價值的提升

對消費者的行銷投資，必須瞭解能達到的預估投資報酬，並非所有行銷預算都能短期看到成效。重點在於對接受並可能有所回應的消費者，長期因為接觸品牌而產生的情感連結，忠誠消費並主動推薦，最終成為品牌長期經營的利基市場。

科技的運用

在進行整合行銷傳播的規劃時，科技工具帶來的效益是必然的考量，策略與趨勢的整合才能保持效益的最大化。科技技術的應用包含網路、資料庫與調查研究工具，都成為能否成功的環節之一。行銷研究與資料庫的分析可做為行銷策略的參考依據，使行銷人員瞭解顧客過去與現在的需求與消費模式，並找到未來的需要及市場。

雙向的溝通

整合行銷傳播將產品、價格、通路與銷售促進做為策略的基礎，創造消費者對的品牌的認知、態度以及購買意願，建立一致性的品牌形象，並期望達成品牌忠誠。整合行銷傳播必須從品牌溝通的概念出發，運用策略使消費者接受並認同，經由消費者自接觸點得到的經驗來體驗甚至與社群同伴分享。除了顧客之外，還有許多影響的公眾與利害關係人也必須溝通以及產生互動。

流程與綜效的考量

在整合行銷傳播企畫的階段，必須先有一個明確的目標與目的，透過概念的實踐可解決現況的問題，並將其流程系統化、專案化以及知識化。在評估整合行銷傳播的效益時，根據行銷及傳播媒體，利用

不同的行銷方法及媒體特性搭配組合運用，達成目標並創造價值。在不同的溝通階段，整合行銷溝通必須達成的目的包含：告知、說服、提醒，期望達成品牌一致性的訊息溝通與營業業績的目標。

1.3

整合行銷傳播的架構

1.3.1 品牌傳播的概念

品牌傳播的目的

　　企業或組織運用整合行銷傳播的媒介和內容，傳達品牌的概念、形象、聯想、價值，使行銷的投資能產生綜效，讓消費者產生認知與行動，進而建立品牌忠誠。品牌運用創意策略與技術，刺激消費者動機，增加消費者涉入，強化消費者對訊息的處理。

　　品牌優勢的建立，以及與消費者產生良好的關係與互動，消費者對品牌的品質與價格會有較高的價值判斷。消費者所接觸的品牌訊息會形成品牌印象，就是對於品牌的認知、感覺和看法。當消費者有特定的需要時，會將行銷傳播的訊息當作解決問題的參考依據。因此當品牌訊息對消費者產生較高的相關性時，就會建立或持續的修正品牌印象。

品牌接觸的考量

　　瞭解消費者接觸品牌訊息的地點、時間與方式，運用能達成消費者接受與反應力的接觸點，才能達到品牌接觸的目標。從消費者的觀

點確認所有品牌接觸，掌握顧客接觸傳播工具產生的影響，依照整合行銷傳播計畫的需求將接觸點依照順序排列，並設計合適的訊息才能達成消費者對品牌的理想體驗。

　　品牌接觸對消費者產生影響與意義必須和消費者自身相關，而且在需要產生時即時傳達。決定消費者接受品牌訊息的溝通方式與內容後，也需要運用行銷研究的工具來確認，消費者對產品與品牌的反應。消費者的反應與行為也影響了行銷傳播工具的使用，因此傳播工具的反應評估也必須透過調查研究來掌握瞭解。

1.3.2 消費者溝通的概念

消費者洞察

　　消費者洞察是發現消費者從生理到心理層面已經存在或潛在未被滿足的需求，行銷人員必須把消費者的需求和品牌效益結合，溝通適合的訊息或誘因，提出短中長期的整合行銷傳播計畫。掌握消費者洞察有助於品牌留住現有顧客以及爭取新顧客，可以從過去的經驗與資料發展或重新調查分析，甚至從相關的競爭對手未能滿足的產品與服務著手。對消費者關注的議題與市場環境的變化，即時掌握並且擬定對策。消費者的區隔或分類影響整合行銷策略的發展，也產生消費者的需求與訊息連結的反應的不同。

整合行銷傳播與消費者

　　整合行銷傳播由消費者的需求出發，決定說服溝通計畫發展的形式及方法，其目標是與消費者建立關係，以及改變消費者的行為。在

溝通時，行銷人員必須瞭解消費者接收訊息的平台及有興趣的內容，並根據消費者的需要運用行銷傳播工具及設計內容。運用不同的媒介傳達訊息給消費者，並確認消費者的反應，再將消費者的反應做為調整修正計畫的參考。

1.3.3 整合行銷傳播的工具種類

整合行銷溝通的工具組合

　　整合行銷傳播是依據需求將各種不同工具，做適當的的運用、操作與管理。不同的溝通媒介有獨特的意義內涵及功能，提供相異但互補的優勢。行銷人員必須將行銷傳播工具各自的功能與結合發揮，才能完整的溝通品牌訊息。而對消費者來說，因生活形態、興趣與對行銷環境的涉入不同，行銷傳播工具的組合更是確保消費者能完全接收到訊息，也能對不同來源的訊息產生記憶累積，進而獲得需求的滿足。

　　規劃整合行銷傳播的工具，會因為目的與效益，決定使用的種類及數量。不同的傳播工具的費用與效益也不同，投入金額決定在邊際收益的達成，以及整體品牌與消費者長期連結的關係建議考量。行銷傳播的媒體的交互運用，也使消費者能對訊息的接收保持新鮮感，也才能確保當單一工具未能達成效益時，即時性的調整與修正。

溝通工具的主要目的與項目

　　說服性的行銷傳播工具是主要與消費者溝通的媒介，目的在於說服消費者並達成消費行為。延伸性的行銷傳播工具則是提升消費者的注意與好感度，目的則是在於品牌形象與忠誠的建立，以及消費者的

日常活動連結。以下為主要的整合行銷傳播的工具：

● 廣告與媒體採購。

● 公共關係。

● 合作贊助行銷，包含贊助行銷、運動賽會行銷。

● 事件行銷。

● 體驗行銷。

● 會展行銷。

● 促銷與人員銷售。

● 關係管理，包含顧客關係管理、資料庫行銷。

● 數位行銷，包含社群行銷、關鍵行銷、口碑行銷、搜尋行銷、虛實
　整合、互動行銷。

1.3.4 整合行銷溝通與訊息

訊息整合溝通

　　行銷必須整合種種形式的傳播，形成一致的溝通方法。包含確認
目標消費群眾與建構協調，以引起消費者有所回應。行銷溝通著重目
標市場的知曉、形象或偏好的問題以及消費者關係管理的過程，包括
銷售前、使用中及消費後階段。消費者出於自身的需求而主動接觸資
訊，並經由品牌主導和控制的資訊傳播系統。產品和服務的資訊得一
致，經過多元媒體傳送的資訊，在消費者資訊處理過程中才不會發生
問題，導致資訊被錯誤處理。

從個人經驗來理解，消費者會記憶存儲空間來深入瞭解某一項產品或服務，但也會逐漸遺忘。行銷者傳遞的資訊必須清楚、簡明，同時具有說服性而且一致，把所有形式的行銷傳播活動整合起來。新資訊並不能取代舊資訊，而是和原有的概念結合。產品資訊不斷被儲存、處理和回想（強化）。行銷者蒐集消費者的資訊，並存進資料庫；消費者通過購買產品、接受市場調查等方式將意見回饋給行銷者。雙方的經驗領域都可擴大，對於強化溝通更加有用。

發展有效的行銷溝通的步驟

訊息能夠清楚的轉化成概念，清楚的被辨認並被分類、記憶的影像、聲音或經驗，和人們已有的記憶系統相結合。有效溝通的步驟包括：

● 確認目標受眾：不同的目標受眾對於訊息的反應，包含訊息內容、媒介種類、時間地點，以及傳達訊息的對象都有所不同。

● 確定溝通目標：掌握目標受眾對不同購買階段包含知曉、瞭解、喜歡、偏好、堅信、購買，接收到訊息時的反應，擬定溝通目標並預測產生的反應。

● 設計擬定訊息：理想的訊息會引起注意、維持興趣、激起慾望及促成行動（AIDA模式）。訊息內容、格式與可信度，訊息對受眾的影響也受視聽眾對溝通者的知覺情形左右。

行銷溝通訊息

訊息內容：

● 理性訴求：訊息內容與目標聽眾自身的利益有關，進而引發其

購買意圖。

- 情感訴求：訊息內容會激發目標聽眾正面或負面的情感，進而引發其購買意圖。

- 道德訴求：訊息內容會激發目標聽眾的道德感，進而引發其購買意圖。

訊息格式：

- 整體視覺：服飾、表情、造型、劇情、場景及說話速度。

- 文字圖像：決定標題、文稿內容、顏色及圖片位置。

- 聲音：要特別注意音效、音質、節奏及用詞。

- 人員溝通：人員之穿著、表情及說話速度。

選擇傳播訊息的媒介：

- 主要媒體（報紙、電視、海報等）。

- 氣氛（強化購買環境氣氛）。

- 特殊活動（公關活動）。

- 可靠的訊息：如專家、明星、偶像代言等。

- 人員溝通通路指二人以上彼此直接溝通，可達至口碑影響效果，人員影響對昂貴、多風險、高曝光率的產品最為有效。

蒐集回饋

對於閱視聽眾的影響，其中涉及：調查視聽眾、詢問其是否能辨識或記得訊息、看過幾次訊息、還記得哪些訊息、對訊息的觀感如何、過去和目前對產品與公司的態度如何，以及閱聽眾的行為反應等等。這些蒐集到的回饋資訊，可做為修正促銷計畫或產品本身調整的依據。

整合行銷傳播與策略

1.4.1 跨國性品牌行銷策略整合

建立跨國性品牌傳播模式

隨著品牌價值的延伸，跨國經營品牌甚至全球化愈來愈重要。強調品牌與消費者的關聯成為主要的競爭區隔利基，跨國性品牌在不同地區與國家進行整合行銷時的成本差異相當大，原因包含整合行銷活動的全球策略，必須貫徹才能完整的溝通品牌訊息，而特定的整合行銷活動，必須因應當地文化與顧客、媒體特性以及法律規範而進行調整。跨國性的品牌組織發展出的功能性的團隊，整合組織的各部門來滿足客戶的需求與需要，做為建立品牌的核心，創造企業獲利與消費者滿足的雙贏目標。

運用整合行銷傳播的工具與消費者連結，建立新的行銷傳播模式。統合內外部的行銷傳播工具，並建立完整的組織結構、作業模式以及績效評估模式，將整合行銷傳播的思維建立在跨國性品牌建立與溝通的基礎上。進而建立品牌溝通的依循的模式。品牌國際化使品牌具有高度標準化的整合行銷溝通模式與策略，同時也必須因地制宜的調整行銷策略能增加在地消費者的連結。

1.4.2 整合行銷傳播的策略管理

　　整合行銷傳播的策略管理，是以全方位的方式來規劃品牌的行銷傳播的需求，以及與消費者溝通的管道。行銷環境分析是確認規劃策略時所需考慮的主客觀條件，目標市場的確認影響對消費者的訊息的設定與工具的規劃。消費者的外在行為模式與內在心理需求影響了整合行銷傳播策略的方向，針對為不同的消費者或不同的需求設計出差異化的策略。傳播工具的運用與效果評估，對行銷人員與或協力廠商的工具掌握與執行監控能力有密切關聯。

　　策略的擬定是品牌在市場上的競爭成功與否的重要因素，瞭解顧客才能設計出有創意及效益的行銷活動，因為消費者的需求階段不同，長期的整合行銷傳播策略就必須考量到工具運用的階段性，以及預計達成的目標。整合行銷傳播在不同階段所溝通的利益點，對說服消費者來說是否能逐步達成，影響了整體預先設定的策略，以及後續流程的調整與考量。

策略、戰略到戰術

　　策略是公司、組織與品牌的理想、遠景的實踐，具有策略的思考與規劃才能從長期的角度，達到永續經營的目標。整合行銷傳播的策略更是以長期的概念，來運作品牌的溝通模式與機制，也是企業或組織在與消費者溝通時的關係連結。戰略是品牌或組織在運用策略所發展出的具體方向，包含行銷目的與績效的連結、品牌訊息設定及設別系統、標語，以及階段性的品牌與消費者連結的傳播工具運用等中長期運用的行銷規劃。

　　但若是要將戰略的方向具體實現執行，就必須將行銷戰術企畫成

可被執行的戰術方案。整合行銷傳播的戰術必須在特定的期間完成規劃執行與評估,落實為整合行銷傳播企畫。訊息的運用與行銷傳播工具都和目標消費者的反應連結。將各種資源與行銷傳播工具整合運用,與目標消費者進行直接的溝通,所達成的效益必須與預設目標確認並監控達成進度。

1.4.3 整合行銷傳播的流程管理

整合行銷傳播策略影響整體的品牌發展,也決定了流程的訂定。戰略確認品牌的行銷方向,戰術促使目標的達成。瞭解品牌所處的行銷環境可使戰略方向正向的發展,對消費者與行銷工具的瞭解與運用,則是整合行銷傳播戰術與企畫能達成目標的重要指標。行銷工具的技術發展及消費者對多元訊息的微妙反映,都使戰術與企畫在溝通或說服的達成的挑戰增加,而流程的管理可確保每個階段的效益達成,整合行銷傳播的流程有以下要素:

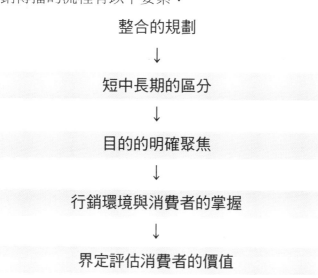

整合的規劃

↓

短中長期的區分

↓

目的的明確聚焦

↓

行銷環境與消費者的掌握

↓

界定評估消費者的價值

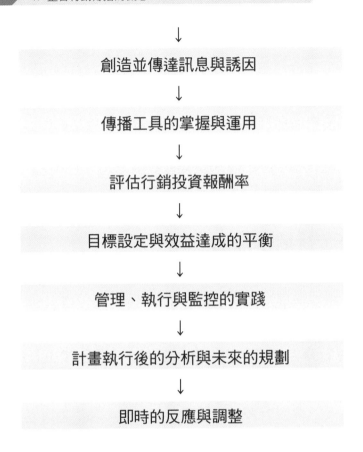

$\downarrow$

創造並傳達訊息與誘因

$\downarrow$

傳播工具的掌握與運用

$\downarrow$

評估行銷投資報酬率

$\downarrow$

目標設定與效益達成的平衡

$\downarrow$

管理、執行與監控的實踐

$\downarrow$

計畫執行後的分析與未來的規劃

$\downarrow$

即時的反應與調整

1.4.4 整合行銷傳播的規劃考量因素

組織的整合

　　整合行銷傳播運用策略規劃品牌傳播計畫，並協調、發展流程、執行與評估。運用整合行銷傳播的工具和原則，達成公司的整體策略目標。整合需要高度的人際與跨部門溝通，不管是在組織內、事業單位間，還是外部的協力廠商。內部的作業與流程，和外部訊息傳播計畫結合。組織應用整合行銷傳播，更有效的將訊息的傳遞，發揮各種傳播工具的能力，使整體總和效果產生，形成「訊息一致、多元管

道、綜效產生」。

行銷研究資訊的運用

　　透過主要和次要的行銷研究，以及消費者行為資料，來掌握廣泛的顧客訊息，並利用這些訊息來規劃、發展與評估傳播作業。建立各種回饋管道來蒐集顧客資訊，顧客滿意度資料、基本態度資料與認知研究、地理與人口統計資料、執行傳播計畫前後的研究。整合行銷傳播企畫將各種可能接觸點確認，品牌必須深入瞭解消費者，洞察內在的需求、外在的行為，以一致的行動運用各接觸點，達成發覺、瞭解與創造跨功能傳播機會。

運用資訊科技

　　利用資料庫掌握、儲存與管理消費者相關資訊，以及可能轉化的經濟價值。利用科技來強化傳送訊息給消費者與其他對象的方式與時間。利用資訊科技來加強內部對於顧客資訊的傳布，並讓各個單位瞭解公司上下的行銷與傳播概況，將系統和流程統合，以提升傳播作業的成效。

整合財務與策略

　　企業與組織對於行銷傳播部門，會利用各式各樣的工具來衡量行銷傳播作業的成效，並將財務衡量納入評估過程。消費者的支持包含無形的認同與有形的實質購買行為，而實際的財務收益才是策略達成的最終目的。

2

整合行銷傳播與
行銷管理

2.1

整合行銷傳播與行銷管理

2.1.1 行銷管理與整合行銷傳播

整合行銷傳播的基礎

　　行銷管理包含從企畫到執行行銷活動的程序管理應用，產品、定價、通路、促銷與服務等行銷活動的運作。Kotler對行銷管理的定義：「把管理的程序應用在行銷活動中，在滿足消費者的過程中，來完成行銷的目標」，可以進一步解釋行銷管理與整合行銷傳播的關聯。企業的行銷理念，必須以創造交換滿足消費者與企業的目標達成而相結合。所以行銷管理可以說是行銷活動與管理行為的結合，更是整合行銷傳播企畫的基礎。

行銷管理在整合行銷傳播的運用

　　行銷管理與整合行銷傳播結合運用的範圍，包含以下項目：

● 品牌與商品的現況與預計發展的4P目標訂定

● 行銷環境的內外部分析

● 對市場環境、品牌定位、競爭者及消費者進行研究，並做為決策的參考依據。

- 確認市場區隔，選擇目標市場與定位。
- 界定消費者的輪廓，並鎖定目標消費者。
- 設計合適的行銷傳播組合工具。
- 行銷專案活動規劃執行以及流程的控制。
- 行銷績效評估與回饋。

2.1.2 層級與單位策略規劃

發展層級需求策略

　　組織為了因應行銷環境與競爭，在發展策略時必須針對不同部門與階層制訂適合策略規劃，才能達成符合組織使命與實際需求的依據。以行銷策略的層面來說，也可以分為品牌策略、專業戰略與功能戰術：

- 品牌行銷策略：經營管理階層的策略規劃內容，包含界定品牌與組織使命，組織與品牌的基本精神與存在價值。
- 事業戰略：為了達到品牌與組織的使命，必須發展的產品與服務，以及確認合適的市場。
- 功能戰術：各功能部門規劃並執行以達到事業策略目標的實際作為，並持續達成預定效益與目標。

事業單位的策略分析

　　因應組織與品牌在市場環境中，因為發展可能會有所差異，波士頓顧問團發展的BCG模式，針對市場成長率與相對市佔率來做交叉分析，評估各事業單位的相對重要性，決定個別事業單位角色定位與發

展方向。

- 明星事業，需要持續的大量投資並維持穩定市場地位，但可能發展成金牛，所以收割與持續投資是主要策略。
- 金牛事業，穩定而且擁有較高的市場佔有率，可為企業帶來穩定的獲利，但因為成長趨緩，所以固守市場與收割是主要策略。
- 問題事業，在市場中屬於較落後的地位，但市場仍具有相當的發展，所以持續投資是主要策略，但不排除重新思考發展的必要性。
- 老狗事業，市場穩定且獲利單薄，所以收割是主要策略，但不排除減少支出的必要性。

2.1.3 內部行銷組織

市場的組織設計

　　因應市場的競爭與消費者的需求，以及行銷傳播工具的應用，行銷管理人員必須發展規劃理想的行銷組織，才能使整合行銷傳播的計畫能被具體且確實的執行。行銷部門的組織形式分為功能型、中央與區域型、矩陣型，以及產品品牌型。不同的行銷組織在規劃與執行整合行銷傳播計畫時，也會有不同的思考模式與執行方式。

行銷組織的類型

　　功能型的行銷組織是依照不同行銷管理功能與傳播工具的需求，分配給特定的部門、群體或個人負責，如行銷研究、年度行銷策略、公關、廣告、促銷等。目的是為了在理想的成本與效益經濟取得平衡，但若是無法清楚界定權責與範疇，有時為了行銷績效會造成內部

資源的相互競爭。中央與區域型的行銷組織，則是將主要功能的行銷工作由中央統籌管理，但部分包含促銷、通路活動與顧客關係管理的執行，則交由區域型單位管理，可針對區域的特性和需求發展獨特的行銷規劃。

　　矩陣式的行銷組織則是將擁有多品牌與行銷功能的部門，運用具有彈性及市場導向的策略，使雙方都擁有發展行銷計畫的能力。矩陣式的行銷組織因應環境決定策略行銷計畫擬定以及主導的單位，當以產品品牌為競爭主軸時，就由該單位負責，若是整體性或跨品牌的行銷溝通計畫，就由行銷功能部門提出並負責。但若是無法達成理想的溝通，則可能使雙方的責任與工作加重，卻未能提升整體的行銷效益。

　　品牌式的行銷組織將品牌延伸下的品牌當作獨立的單位，適合多品牌的發展策略，根據不同的產品品牌發展與需求，設計規劃整合行銷傳播計畫，通常由品牌經理通籌規劃，再由其他行銷功能部門協助達成目標。品牌經理的職責包含以下：

發展品牌的長期競爭策略。
規劃年度行銷計畫。
銷售業績的預測和達成。
與行銷協力組織共同發展整合行銷計畫。
激發銷售人員與通路對品牌的銷售達成。

整合行銷傳播組織的功能

　　組織內的行銷部門，將整合行銷傳播的策略概念做為主軸時，會因其需要設立不同的職務及工作內容。負責整合行銷傳播部門的主管

必須從消費者、品牌的角度出發，思考行銷傳播工具的規劃與應用，包含廣告、公共關係活動、促銷活動、數位行銷等方式，掌握部門成員的工作執行，擬定行銷預算及確認效益。

整合行銷傳播的組織成員除了具備所負責的專業能力與知識，更要培養創意與溝通協調的職能屬性。關注行銷環境的變化與消費者的需求洞察，尋求解決行銷問題的解決處理，發揮創意企畫與執行。不同職務的成員也可以透過溝通瞭解整合時的需求與資源的共享，達到整合行銷傳播內部與外部的綜效。

2.1.4 整合行銷協力組織

外包的行銷功能規劃

在規劃與執行整合行銷傳播的計畫時，企業內部並非都必須將各種專業的人才都由行銷組織來管轄，昂貴的人力成本是最主要的考量。但面臨競爭情勢和行銷目標的達成需求時，外部的專業行銷組織是常見的策略合作方式。外包將部分的行銷功能交由外部單位去執行，通常可節省直接人事的成本、降低人才的閒置與浪費、增加營運上的彈性，並獲得外部單位的專業服務。與整合行銷傳播計畫相關的協力組織包含以下：

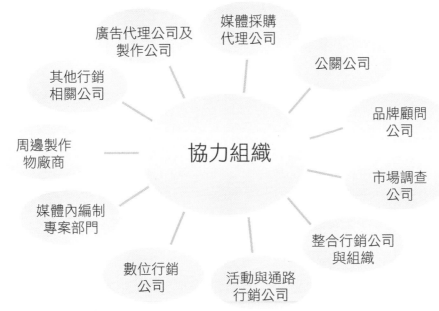

協力組織

- 廣告代理公司及製作公司
- 媒體採購代理公司
- 公關公司
- 其他行銷相關公司
- 品牌顧問公司
- 周邊製作物廠商
- 市場調查公司
- 媒體內編制專案部門
- 整合行銷公司與組織
- 數位行銷公司
- 活動與通路行銷公司

協力組織的功能

廣告代理公司及製作公司

　　由廣告創意及執行專業所組成的公司，專門發展廣告企畫及行銷工具。在執行拍片與後製時，會由另外的導演、製作公司來執行。企業或組織多半會有負責協調廣告進行的單位，但基於專業性、創意能力與成本，會委由廣告相關公司負責。通常跨國性的品牌會委由同一集團的廣告代理公司負責，以確保在品牌溝通的一致性，但也有組織特意將旗下品牌交由不同廣告公司，避免品牌間訊息溝通方式過於相似。

媒體採購代理公司

　　廣告完成後的媒體企畫與購買版面和時段，由媒體購買公司負責。集中向媒體採購，在規模經濟的考量，可以為品牌爭取到比較理

想及便宜的媒體時段託播成本。媒體購買公司也具有媒體組合規劃與媒體預算配置的專業能力，因此也有品牌會委由協助整合行銷預算的擬定。

公關公司

公關公司通常負責舉辦各種公關活動，因考量經驗及專業能力，以及與各種媒體記者的人脈關係比較熟悉，成員必須具備各種廣泛的產業知識。也有因特殊的產業需求而發展，如體育、醫療、高科技或政治的公關公司。公關公司也必須有危機因應的能力，當品牌危機發生時，危機的處理與後續的修復都是公關公司的職責。

品牌顧問公司

在品牌建構的過程，企業或組織會經由品牌顧問公司的輔導協助，來進行方向與流程的制訂。品牌建置與傳播溝通經常需要以專案的方式，內部不容易培養專案的運作流程。在進行品牌溝通時，品牌顧問公司也會提出主要的架構與策略，通常當品牌建置告一段落時，企業或組織會由內部部門負責延續相關職務。

市場調查公司

市場調查是瞭解和認識市場環境的方法，進行全面深入的調查做為行銷決策的參考，以減少錯誤產生的風險。市場調查公司協助行銷研究的資訊提供，企業或組織的行銷人員也必須對調查機構所提供的調查方案和最終的調查報告有評估和鑑別的能力。

整合行銷公司與組織

　　整合行銷公司是指從整合行銷傳播企畫的專案，透過提案公司來發想、規劃與執行。而整合行銷協力組織則是從原有的廣告公司、公關公司或數位行銷公司發展，結合集團內的其他部門而協助品牌達成整合行銷的目的。

活動與通路行銷公司

　　通常負責管理促銷活動、體驗活動，以及大型消費者或組織內部參與活動。涵蓋創意發想、活動規劃執行、媒體宣傳等專業，提供品牌基於活動需求整合性服務。產品品牌也會經由通路活動公司，協助通路品牌執行與商品推廣有關的行銷活動，達成銷售的目的。

數位行銷公司

　　數位行銷公司是數位工具的掌握者與重度使用者，利用數位工具規劃行銷活動，使整合行銷傳播更有效率的發揮影響力。數位行銷公司必須不斷瞭解新的數位科技與可發展的行銷功能，為品牌規劃數位的行銷活動，甚至發展品牌與消費者長期的數位溝通管道，如網站、社群網頁等。

2.2

整合行銷傳播與行銷組合

2.2.1 行銷組合的功能

行銷組合對整合行銷傳播的意義

　　行銷組合在功能上擁有各自獨立的特性，而在整合行銷的策略當中，就成為了達成目的時必須考量的因素。針對創意、產品或服務的觀念化、定價、推廣與通路等進行規劃與執行，創造出能滿足企業與組織目標的活動。以下為行銷組合的內涵：

- 產品：有價值的物體或服務，可以與相對方交換，包含實體的商品、服務的流程或設計、命名、包裝等。
- 價格：決定交換物的報酬和對價，是決定交換與否的考量，包含心理定價、附加價值與選擇經濟等。
- 通路：相對方交換物可以選擇的地方，也是集中不同交換物的所在，包含實體與虛擬的門市賣場、支援賣場的服務與倉儲空間等。
- 銷售促進：提升交換物對相對方的注意所運用的工具，並且可能影響注意、決策、喜好與使用。

2.2.2 產品策略

產品策略

　　品牌的核心取決於產品本身，產品是影響消費者對於品牌使用與體驗的主要因素。希望消費者對品牌具備忠誠，基本條件就是消費者對產品的體驗必須符合自身的期望。通常整合行銷傳播中，廣告主要溝通的目標就是產品，也是整個行銷活動的中心，像是新產品上市。而在相對於競爭者來說，不同品牌的產品因為具備相當的同質性與功能，在溝通上就必須強化品牌價值的差異性。

　　產品的組成包含像是產品功能、服務與消費者的實質利益，而產品的外顯形象，包含了外觀、品質、名稱、包裝等可以被看見使用的層面。而延伸性的意義，則包含產品的運送安裝、保固與售後服務等。對消費者來說，產品的核心是決定是否使用的關鍵，也是產生預期直接利益的原因，但產品若是能在附加價值與潛在需求得到滿足，就能使產品與消費者產生進一步的連結。

包裝策略

　　包裝是產品依照其屬性、功能及消費者的需求設計，並製作容器或外包裝物的呈現。包裝的功能包含保護商品本身，便利顧客購買與使用，也可以利用包裝做為促進品牌形象、增加收藏價值及宣傳銷售。包裝的設計需考量的因素包含顯著的品牌與標誌、消費者使用的安全與習慣，以及方便於銷售與運送。包裝要和產品屬性與價值相對應並考慮現在的環保趨勢和相關的法律的規範。包裝設計必須達成是消費者能夠辨認品牌，透過包裝能夠傳達描述性及說服性的資訊，功能上的必須確保儲存時效與便利產品的使用。

2.2.3 價格策略

定價策略

　　定價時的考量價，通常由產品售價與出售該產品後所能獲得的利潤來決定，包括生產與管銷成本、企業必須的利潤，以及消費者的心理需求。價值定價的目標是產品成本、消費者需求滿足以及公司利潤目標三者間找出平衡點。強勢品牌能主導較理想的價格，但是品牌不能過度的操作價格，造成價格上漲或因銷售目標而破壞了原有的價值而陷入低價競爭。選擇定價策略時需要考量目前訂價的方法是否符合品牌價值、品牌與組織利益以及消費者接受度，以及未來在運用促銷及折扣時的空間與策略運用。

消費者對價格的決定權

　　品牌擁有訂價策略的權力，但是消費者決定了是否接受的權力。在品牌策略中，可能會因為不同的地區或對象的消費者，運用品牌區隔來操作價格的差異。符合消費者利益與組織利益的定價策略應該取得適當的平衡點。產品的價值與產品成本是消費者在決定購買時，依產品的實際功能來做選擇的依據，但為了降低成本與品質而使價格降低，卻也可能失去原有的消費者期望與認同。若是希望瞭解消費者對於品牌的定價而感受的價值，以及消費者願意支付的對價，最直接的方法就是直接詢問消費者對於價格與價值的感覺。

價格策略的運用

　　為了達到市場佔有率以及行銷溝通的策略，市場最低價是結合產品與價格的組合。有時甚至是通路為了鞏固消費者，要求商品品牌必

須配合特定的策略，進行的降價或折扣。這些折扣方式可能短期提升消費者的購買意願，但是卻可能造成品牌的價值傷害，也可能使消費者提前購買超出預期的數量，並在促銷期過後延緩原來的購買需求，甚至產生週期性的購買行為。

2.2.4 通路策略

產品品牌與間接通路的競合

通路是商品與消費者直接接觸的場所，也是完成消費行為的最終站。選擇銷售的方式與通路種類，對品牌能否達成銷售的結果具有相當的影響，也對其形象具有連帶的關係。通路策略包含兩種層面，從商品品牌的角度，包含選擇與管理批發、配銷、代理及零售等廠商。從通路品牌則必須思考通路形態、實體與虛擬賣場及管理產品品牌供應商的選擇。

對產品品牌來說，零售商品牌是品牌的延伸，也是必須服務溝通的對象。因應不同零售商品牌的需求與合作，才能獲得更理想的品牌支持與服務。設計不同的產品包裝組合與價格、配合或客制化的行銷活動，甚至協助生產通路自有品牌都是通路策略的一環。與通路品牌合作的整合行銷活動，通常產品品牌以價格促銷與行銷資源提供，做為增加銷售與曝光的機會。而具備多品牌的組織則更可利用通路使消費者認識或瞭解，增加品牌的效益延伸，但在零售商品牌為主的行銷策略中，消費者的選擇仍是最重要的訊息。

通路類型

通路的類型區分為直接與間接通路，直接通路是商品品牌直接與消費者接觸的通路。間接通路則是經由代理商或中間代表、批發商、配銷商以及零售商第三方中間商進行銷售，包含實體與虛擬的通路商組織。商品品牌必須選擇對自身以及消費者有利的方式。直接通路包含經由人員拜訪接觸、電話，或是直接開設直營的實體與虛擬商店，主要的目的就是能將品牌的完整訊息與相關商品的種類完整的提供給消費者。

間接通路包含協助配銷的中間商，以及以銷售做為主要服務的零售商。為了使消費者能有選擇的機會，足夠的品牌產品是吸引來客重要的因素。購買後的服務也通常是間接通路的考量。零售商的能見度與品牌的可靠程度影響消費者的選擇，也可能會因產品類別、定價與服務品質有所差別。零售商品牌的種類包含量販零售門市、電視與網路銷售通路，也影響商品品牌在消費者購買時直接的觀感。同時擁有實體及虛擬通路的品牌，可以將網站與實體門市結合，對產品品牌的影響更大。

直效通路策略則是指產品品牌針對消費者直接銷售的方式，進而獲得消費者立即的回應或訂購，其種類分為：

- 電視和廣播行銷
- 郵購和型錄行銷
- 電話行銷
- 電子郵件與網路行銷
- 多層次傳銷

2.2.5 銷售促進策略

推式、拉式與激勵的推廣策略

　　銷售促進的目的是直接或間接提升或協助銷售，可以影響銷售結果與行銷計畫的投資回報。對產品品牌來說，可以應用推、拉與激勵的策略，使消費者感受到該品牌的重要性與優勢主動購買，或因為價格與促銷的誘因而被吸引，以及針對間接通路的成員以激勵的方式，達到進貨與協助銷售推廣的機會。

● 推式策略

　　推式的推廣策略目的以提醒為主，因為消費者的主動需求與渴望，以及品牌具有的獨特性與價值所發展的策略。強勢的商品品牌藉由推式策略，使通路零售商必須銷售該品牌，以及強勢的通路品牌藉由推式策略，使商品必須在該通路銷售，才能維持消費者的需求。

● 拉式策略

　　拉式的推廣策略目的以說服為主，增加消費者使用品牌的誘因，以及創造消費者需求。相似的競爭品牌使消費者沒有絕對的選擇原因，以及購後容易改變再次的選擇。品牌運用拉式策略，結合行銷溝通工具吸引消費者的注意，進而完成購買與使用行為。

● 激勵策略

　　激勵策略的目的是對銷售人員、通路經銷商或產品品牌，運用誘因增加對消費者的銷售推廣。對銷售人員的激勵包含心理層面與實質層面，產品對通路經銷商的激勵包含進貨的折讓與抽佣，通路而對產品品牌的激勵則是行銷資源的協助與上架費用的優惠。

2.3

整合行銷傳播與行銷研究

2.3.1 行銷研究的基本概念

行銷研究的概念

　　行銷人員所面對的環境是複雜與動態的，競爭狀態或是環境的改變都可能影響行銷目標的達成。新產品發展的創意常來自於消費者習性與行為的研究，行銷研究可以幫助行銷與研發人員有更多的創新發想。行銷人員對消費者的瞭解，包含購買行為與品牌偏好的相關研究，深入瞭解消費者如何使用品牌、品牌的使用程序與方法，以及在使用時還會利用的互補品與替代品。行銷人員也必須瞭解消費者對品牌的品牌印象、品牌經驗及忠誠度等資訊。

行銷研究的步驟

界定研究問題與研究目的

↓

進行背景分析

↓

發展研究假設

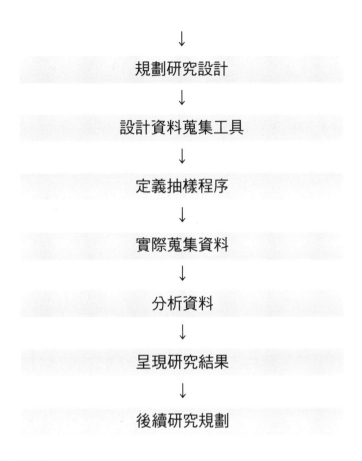

↓

規劃研究設計

↓

設計資料蒐集工具

↓

定義抽樣程序

↓

實際蒐集資料

↓

分析資料

↓

呈現研究結果

↓

後續研究規劃

行銷研究種類

研究資料的來源

- 次級研究：針對特定主題，使用現有已公布的資訊所做的背景研究稱之為次級研究，資訊來源包含政府機構、公協會、次級研究供應商、網路次級資料。
- 初級研究：從資訊來源處進行蒐集第一手資訊的研究。

研究調查的方式

- 質化研究：提供有關消費者行為如何進行及消費者行為背後原因之深入洞察。例：觀察法、民族誌法、深度訪談法、焦點團

體法、隱喻引誘法、小組座談會和其他質化調查方法。

● 量化研究：量化研究提供數量化的資料，包含大樣本數與隨機抽樣。例：電話及網路問卷調查、入戶或街道面訪、神秘客調查，以及其他量化調查方法。

● 實驗法：利用實驗方式控制其他可能變因，將參與測試的受測者區分並加以施測，比較其差異反應。

2.3.2 研究方法與工具

信度與效度

設計研究方法時必須考慮信度與效度，信度指可以重複再做同樣的研究，並得到同樣的結果，效度則是確定研究已衡量了預設所要衡量的結果。

市場研究調查方法

● 觀察研究：在自然的情境下，深入研究消費者的真實行為，包含購買與使用。

● 民族誌研究：研究者與所研究的對象，一起進行相同的生活。

● 電話訪問：以電話號碼隨機抽樣方式，由訪員依照已經設計好的題目進行調查。有時針對電視節目的調查，會採用即時的電訪方式。電話調查可以減少受訪者回憶因素的困擾。但調查時間受限，而且電話取得難度增加。

● 電子機械記錄：依照抽樣的結果，將個人記錄器安置於樣本戶家中，同時訓練成員使用代表成員編號的裝置，以電腦自動記錄統計

收視資料。調查時間完全不受限制，可以辨識頻道、蒐集個人收視資料，並分辨節目或廣告的收視率各自為何。

- 彙編調查：對個人做常態性的訪談，其問題是由各類顧客所提供。

- 民意調查法：包含底線民意調查、門檻民意調查、追蹤民意調查。

- 深度訪談：是一對一的訪談，訪談過程中研究人員提出開放性問題，讓受訪者可以暢所欲言，非正式化結構的問卷讓研究人員可以即時追問問題，以期更加深入地挖掘消費者的態度與動機。調查研究可經由面對面或電話進行。

- 焦點團體：經過篩選的受訪者，討論事先已經決定好的主題，常被用在資訊蒐集過程的初期，以便找出思考與行為模式。焦點訪談通常圍繞會議桌進行，主持人根據事先準備好的討論大綱引導與會人士表達意見，並且全程錄音或錄影。市調公司與客戶通常都會派人在會議室旁邊的小房間全程聆聽，並從單面鏡觀察受訪者回答問題的表情態度。

- 留置日記：根據抽樣的結果，給予被抽樣的樣本戶一本紀錄表，類似日記本一樣，有清楚的日期與時間，讓被調查者自行填寫家中成員的消費行為，定期將紀錄表交還調查單位。可獲知被調查者戶的消費行為，固定樣本並可提供趨勢訊息。

- 受試者日誌：觀察受測者隨身攜帶的小日誌，可以追蹤行動、感覺、態度和情緒。這樣的資料能讓研究者對受試者的觀點和對商品或服務的想法有較佳的瞭解。消費者藉由日記記錄他們的活動狀況，再由研究者分析消費者的生活脈絡。

- 網路市場研究：特定顧客之一對一交流、聊天室的焦點群體、網站的問卷調查、追蹤消費者的網路移動。

2.2.3 市場調查與分析

市場調查的概念

　　市場調查也叫市場研究，包含從認識市場到制訂行銷決策的一切有關市場行銷活動的分析和研究。透過調查與分析瞭解現在的行銷環境、市場及銷售潛力，估計市場的現有規模、市場品牌的佔有率和潛在規模以及中長期需求。瞭解消費者的消費形態及變化趨勢，掌握市場中競爭者的行銷活動和銷售方式等。

　　當品牌進入新市場之前，為了瞭解在市場上的環境、競爭品牌與消費者行為，都會執行大規模的市場調查與消費者習性與行為的研究。當產品有一些新的技術發展、消費者使用習性發生重大改變，或是有新的品牌進入造成使用習性或使用品牌印象觀點改變時，行銷人員都需要進行調查研究，掌握行銷優勢的相關資訊。

市場調查的應用

　　研究的目的是針對決策時所需要的資訊，設計資訊收集的方法，管理並實施資料收集過程。完成調查後要分析調查結果，解讀報告調查的結果和解釋結果的含意。經由市場調查可以瞭解並獲得與市場行銷有關問題所需的資訊，有效地收集和分析這些資訊，為決策部門制訂更加理想的行銷戰略，策略性的提供基礎資料和報告。市場調查要明白確定行銷中的經營決策問題，詳細規定研究的方法與產出的結果。

　　行銷環境研究一般要結合外在環境研究和內在環境研究的結果進行深入的分析。外在的環境研究主要是市場環境研究、消費者研究、競爭者研究。內在的環境研究主要是針對企業自身的行銷條件進行分

析研究。銷售環境的研究則包含產品的銷售能力研究，包括產品與服務的質量、數量、價格、銷售管道、行銷能力和素質等。以及銷售管道研究、通路研究，包括通路的分布、規模、銷售的商品種類、數量、型號、品牌、包裝、設計、價格等。

市場調查的基本步驟

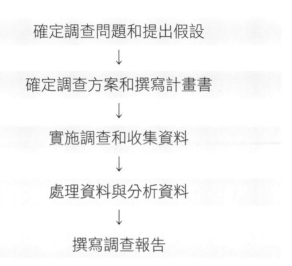

確定調查問題和提出假設
↓
確定調查方案和撰寫計畫書
↓
實施調查和收集資料
↓
處理資料與分析資料
↓
撰寫調查報告

市場調查研究方法

● **描述性調查研究：過去的相關研究或參考其他次級資料**

● **探索性的調查研究：**

行業專家諮詢。
經銷商訪談。
消費者小組座談會。

● **實際觀察：**

現場觀察。
銷售點面訪。
消費者問卷回覆。

2.3.4 品牌與產品調查分析

品牌與企業形象研究

　　品牌與企業形象的建立必須經由長期的計畫與傳播溝通，品牌或企業的形象研究包含調查知名度、聲望，消費者對品牌或企業的名稱、標誌或商標的聯想，以及認知程度及認知途徑，對品牌或企業和印象以及忠誠度，都是研究人員必須注意的。品牌或企業的核心價值和具體形象都要小心的維護，也是評價品牌或企業的指標。當研究結果發現產生問題時，要調整策略與傳播方向。

品牌銷售預測

　　上市前的市場測試是針對主要產品概念，包含通路、策略、定價，有初步計畫後，幫助估計新品牌短期一、兩年的銷售量。透過市場測試來預估品牌可能的銷售量，為了降低新品牌上市的失敗率，透過事前的行銷研究來預估可能的成功機率。假如預估可能銷售量太低，就會在未上市之前就調整或延後新品牌的發展計畫。估計新產品上市之後的銷售情形，知道可能的銷售額，各個部門在做計畫就能具體規劃。

產品開發研究

　　產品開發研究主要指新產品開發研究，也叫產品測試。包括對現有產品開拓或改造。產品研究包括產品的概念測試、定價研究、名稱研究、包裝研究、家庭產品測試等等。需要調查瞭解消費者對產品的概念理解、產品的各個屬性的重要性評價，以及對各種屬性組合所形成的產品偏好。並且在研究結果的基礎上做進一步的分析，以尋找產

品屬性水平的最佳組合，通常也會預估產品的預期市場佔有率。

2.3.5 顧客與消費者分析研究

消費者研究

　　行銷人員必須藉由消費者研究，希望更瞭解消費者的需求、思考與行為並界定消費者。瞭解消費者的消費模式，消費者在發起者、影響者、決策者、使用者、購買者的不同角色階段，以及具有對品牌較高貢獻，購買數量比例較高，與可能轉換品牌的消費者，都是較佳的目標市場。消費者的使用與態度研究主要是用來瞭解消費者的品牌知曉、試用、使用、購買與態度。

　　深入調查消費者的購買動機與潛在動機，有助於發展那些針對深度需要的行銷溝通。消費者經由行銷溝通的過程，透過媒體傳達或消費者間交換彼此的需求與訊息，會影響消費的決策，也是研究的方向。消費者研究的目的在於更有效的瞭解消費者，加強和消費者的關係聯繫，以及對品牌有價值的消費者加強分配行銷資源的運用。

受訪者背景交叉分析

　　消費者的習性與行為常常會因其背景而有所不同，如果要清楚瞭解目標市場的消費者，行銷研究人員就必須要進行背景交叉分析。若能把消費者背景的資料和消費者習性與行為題目進行交叉分析，可以幫助品牌更精準地做出決策。對消費者的背景分析，可以在市場區隔的時候，更清楚地瞭解目標對象的行為，設計出更合適的行銷傳播活動與消費者連結。

消費者滿意度研究

● 產品或服務的各方面與整體滿意度。

● 滿意、不滿意的原因。

● 對改進產品或服務的具體建議。

● 對競爭者的滿意度評價的比較。

行銷策略規劃與專案管理

2.4.1 行銷策略與資源管理

行銷策略的規劃考量

在競爭激烈的行銷環境，具有優勢是品牌生存的要素，周延而且具有前瞻性的行銷策略，才能使企業獲得更佳的品牌價值與獲利。消費者的多元形態與行為，日新月異的研發與新技術，都讓以產品功能為導向的傳統行銷模式受到挑戰。以行銷策略為導向的品牌發展，創造的價值與意義更多的是在消費者的認知與感受。策略的形成有許多的考量因素，但絕非立即性的投入與產出。

行銷策略的規劃除了短期的投資與效益，發展整合行銷傳播更要將行銷費用的支出與品牌

長期發展結合，透過評估工具瞭解品牌所獲得的利益以及消費者的需求滿足，才能使行銷策略的規劃不只是例行的行銷活動或產品策略的附屬。行銷決策的規劃必須考量：

● 企業或組織的發展與願景。

● 品牌定位。

● 明確的行銷目標。

● 精準的目標消費者。

- 行銷資源的分配。

- 行銷活動的規劃與執行。

- 行銷效益的評估。

　　行銷資源管理將不同行銷活動的進行，從行銷組合的規劃到整合行銷傳播的運用加以整合，就是行銷資源管理的目的。從產品的研發設計、價格的訂定、通路的選擇到推廣活動的規劃，內部的行銷資源管理著重在4P的發展，若是以整體長期的行銷策略規劃，品牌的發展必須成為更上位的發展目標。因此外部的整合行銷傳播的資源管理不只是推廣活動的一環，而是品牌溝通的達成方式。

　　行銷資源管理必須全面性，流程和效益都是評估資源是否獲得最佳運用的標準。以組織層面來說，企業與組織在行銷資源管理上必須透過溝通與跨部門協調，以及專案的方式來管理行銷資源的運用。有效的行銷資源管理必須包含：行銷專案的提出與管理、行銷流程的運作與監控、行銷效益的達成與確認。

2.4.2 行銷專案管理的概念

行銷專案管理運作與目的

　　專案管理是為了達成專案目標，所進行的計畫、排程以及控制的流程與管理活動。目標包括成本、績效、時間與範疇。成功專案必須標準法則，包括定量和定性的決策評估，就是專案管理模式。行銷專案必須針對問題獲得解決的情況發展出期望結果，團隊要有目的及共識。共同願景是強而有力的動力，可以讓團隊產生驅策力，向最終成果努力邁進。確認主要行銷專案中的利害關係人以及需求，包括消費者、社會公眾、協力廠商等。

以資源與績效比較為基礎，試圖要從數個行銷方案選擇時，依照投入的資源數量與績效的可能性排名，以便做出最好的選擇。專案的進行時必然會有問題必須解決，當同樣的問題持續發生，負責解決的人員必須邊反應邊修正，直到問題解決的模式建立。分析與解決問題必須不斷確認是否因最初的規劃導致問題，並運用創意來連結，才有能力預防問題的發生。並在下次的專案發展時，針對之前的問題改變模式或結構。

2.4.3 專案管理模式

專案管理模式

專案管理模式必須考量專案目的、完成方式、達成結果、專案執行工作分配、專案時間、專案成本、流程順序。

● 構想：專案從構想開始，構想是完成專案工作的最初定義。

● 問題說明：用來檢視構想的問題所在。

● 專案組成：因專案流程而進行專案成員的組成。

● 專案擬定策略：包含專案策略與運用到的技術策略。

● 選出最佳專案：經過分析後得出的選擇結果，考量層面包含成本、績效、時間、範疇。

● 專案環境分析：確認內部與外部的優劣勢與風險，以及確定策略能讓專案利害關係人接受。

● 實行計畫：持續專案的進行，執行的同時，要定期修訂工作進度，直到達成專案預設目標或專案限制條件。

● 確認專案利害關係人反應。

● 最終專案審核與結案。

3

整合行銷傳播與
策略分析

3.1

整合行銷傳播與環境分析

3.1.1 行銷環境情報

環境分析的重要

　　行銷環境包含總體環境、組織與品牌內部環境與競爭者，分析的結果會影響擬定整合行銷傳播計畫的策略。分析技巧和能力會影響現在的行銷策略是否成功達成目標，若是環境改變也必須調整策略的方向。瞭解行銷環境的變化，得到包含企業內外部的資訊情報，才能瞭解、滿足消費者的需求變化、價值內涵，並提供合適的產品及服務。

　　總體環境的分析著重未來的趨勢，影響行銷總體境的因素，包含社會與文化影響、政治與經濟環境，以及行銷技術的改變。社會與文化影響是與社會大眾的態度與文化價值有關之因素。政治與經濟環境則是市場中影響未來發展的政治、法律以及經濟發展等因素。行銷技術的改變則影響了行銷傳播工具在與消費者溝通，所掌握的溝通方式與技術，以及分析行銷成效與顧客關係管理時的方法。

　　組織環境包含了結構、經營、以及績效，組織與品牌環境分析的重點在瞭解影響產業獲利潛力的各項因素與其情勢，品牌必須瞭解過去的成功或失敗因素在現在環境中是否存在，使組織發展因應環境變

化的技巧與能力。競爭者分析則強調確認競爭者的行為與威脅，可以從品牌現在已經擁有的市場，以及在市場中的服務與產品來做基礎。

3.1.2 環境掃瞄與監測

環境掃瞄與監測的功用

　　掃描是指分析行銷環境中所有構面的行為，經由環境掃瞄可以提供行銷人員決策時所需的情報，以及發展策略所需的資訊。發現消費環境中，尚未滿足的商機或溝通層面，可以使品牌更能夠瞭解到顧客的需求與期望。環境掃描與監測也可以使品牌發現已經出現的行銷問題，提早發現問題並加以處理。

　　透過掃描可以確認出環境的變動訊息，還可以監測即將發生的變動。監測環境的變化，有助於提早瞭解重要趨勢形成的可能，使品牌與組織有能力偵察出不同環境事件與趨勢所具含的意義。預測則根據掃描與監測所得到的變化與趨勢結果，對可能發生的事件及其發生速度發展出合理的推論結果。評價則可以使已經被確認的環境變化與趨勢所造成的影響做為決策的參考。

環境掃瞄與監測的運用

● 不同行銷環境中發生的案例。

● 對過去的案例進行交互影響分析。

● 尋找提供新機會或具有威脅性的趨勢並預測。

● 在不同的環境對案例與趨勢擬定策略。

● 依據不同的策略發展出預測結果。

3.1.3 SWOT分析的重要

SWOT分析

內外部環境分析是品牌針對自身以及外在，相對於其他因素的影響而做的分析，包括優勢（Strengths）、劣勢（Weaknesses）、機會（Opportunities）及威脅（Threats）。外部的機會、威脅影響消費者因環境而產生可能的改變及洞察。分析外部環境時，包含總體環境，像是政治、經濟、社會、文化等，以及個體環境，像是消費者、通路商、競爭者。外部也影響大環境所帶來的商機掌握，事業單位必須思考因應變化的策略，以及對消費者需求以及通路、行銷傳播的溝通方式與管道。

優劣勢會隨著品牌內部自身的規劃與發展而改變，對環境的即時掌握及瞭解可以增加市場的競爭能力。分析內部環境時，優勢可以從公司所具備的能力以及先天條件來對應競爭的需求，劣勢則是妨礙品牌發展以及自身區的能力造成的限制。優勢與劣勢的分析包含品牌擁有的核心能力、創新與研發的能力、瞭解消費者的需求與應用的可能、與上下游廠商的關係、組織內部的溝通方式，以及行銷傳播工具應用的熟悉程度。

外部環境分析

品牌與組織利用外部環境分析來瞭解環境，與對總體環境有更深入的認識。總體環境分析的主要目的，是要確認出總體環境中的機會與威脅。機會在總體環境可以使品牌與組織獲得策略性的競爭機會，但其他競爭者也同時擁有相同的機會，威脅在總體環境會使品牌與組織擁有的商機有較高的風險甚至會影響原有的發展，但在同一市場的

競爭者也面對相同的挑戰。解釋並瞭解企業外部環境的重要性，描述總體環境以及品牌與組織環境的現況。分析機會的利益點以及威脅的嚴重性，並描述對企業的影響。

內部環境分析應用

　　品牌與組織自身所具備的能力，包含擁有的技術與資源、核心能力與競爭優勢。研究與瞭解內部組織相對其他競爭者的有形資源與無形資源，區分資源與價值的優劣，並確認優勢與劣勢在競爭時的重要性。內部環境分析檢視品牌與組織的資源組合，與即將發展創造的差異性資源與能力的組合。根據內部的資源優劣勢擬定策略，當尋找競爭優勢時，資源與核心能力的管理包括開發新的專利技術能力與更深度瞭解顧客的需求。

3.1.4 資源與核心能力的分析

資源與核心能力

　　品牌的競爭優勢包含資源與核心能力，組合多項資源可以形成組織的能力。資源是企業核心能力的來源，而核心能力是競爭優勢的基礎，可以讓企業比競爭對手表現得更好。核心能力讓企業有別於其他競爭者，展現出本身的個性。資源分為有形資源與無形資源，有形資源是可以看得見與可以計數的資源，生產設備、製造設施與物流中心等都是有形資源。無形資源也含人力資源、創新與信譽，通常跟隨組織歷史產生，並且經過長時間累積而得的資產。無形資源是由獨特的模式發展而來，所以是競爭者難於分析與倣效。知識經濟、組織成員

間的信任、管理與創新能力、產品與服務上的信譽，員工、供應商與消費者互動的方式等都屬於無形資源。

核心能力發展

　　企業或組織必須要確認在資源、能力與核心能力上的優勢與劣勢。企業外部環境所發生的事件，使得原有的核心能力轉變成為慣性與阻礙創新，外包特定部門的功能，能夠協助企業專注於競爭來自於本身核心能力的優勢發展。有價值的能力可以被企業或組織用來開發外部環境中的機會與規避威脅。稀有能力是極少為其他企業所擁有的能力，也代表相對競爭者較少。模仿代價高的能力是指其他企業無法輕易開發而得的能力。不可替代性的能力是指無策略性可對等之物足以替代的能力。

　　價值鏈分析可以讓企業瞭解與分辨哪些內部作業可以創造價值，哪些不行，用來瞭解成本地位、與確認可以做為促進所選定事業層級策略執行的方法。企業與組織的價值鏈分為基本活動與支援活動，基本活動包括產品的實際創造、銷售與配銷給顧客，及售後服務等，支援活動則提供基本活動運作時所需要的各種必要性援助。

整合行銷與競爭者分析

3.2.1 競爭者類型

競爭的意義

市場中想要滿足相同的消費者需求的品牌之間競爭時，市場中有大量的買方與賣方進行同質性產品的交易，進出市場是完全自由的，策略群組是指強調類似競爭性構面，與採行相似策略的品牌集合。處於同一個策略群組內的品牌競爭，會較不同於策略群組之間的激烈。

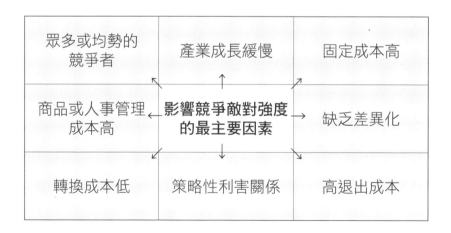

眾多或均勢的競爭者	產業成長緩慢	固定成本高
商品或人事管理成本高	**影響競爭敵對強度的最主要因素**	缺乏差異化
轉換成本低	策略性利害關係	高退出成本

3.2.2 競爭者分析

競爭者分析

　　品牌可能面臨來自內部與外部的各種競爭，以及相似的產品或替代品。競爭對手的組織與規模皆有差異。小型公司或是大型跨國本身品牌定位不同，所產生的因應措施與資源也產生競爭差異。蒐集與解讀競爭者的資訊，競爭者分析的研究對象，主要是產生競爭關係的每一個企業、組織與品牌。進一步瞭解競爭者，並且預測競爭者的目標、策略、假設與能力，取決在所蒐集到的資料與資訊。

　　為了超越對手並獲得成長，必須瞭解競爭者的行銷策略與市場反應。洞察競爭者可以瞭解市場的運作結構，比較分析檢視自身的競爭優勢。結構優勢是品牌的內在的優勢，反應優勢則是品牌因決策所獲致的相對有利位置。競爭分析在策略上的用途目標包含：瞭解自己和對手的競爭優勢、競爭對手過去、現在以及未來可能採取的策略，並做為策略選擇的主要標準與成功的關鍵因素。

蒐集競爭情報

● 確認市場區隔中的主要競爭者。

● 分析目前與未來競爭者的競爭力。

● 評估競爭策略對公司產品與市場的影響。

● 瞭解競爭者的行銷策略。

● 預測競爭者的未來行銷策略。

● 分析競爭者的績效表現紀錄。

● 研究競爭者對於本身績效的滿意程度。

3.2.3 六力分析的意義

六力分析的概念

產業競爭的強度與獲利的潛力決定於五種競爭力量：新進入者的威脅、供應商的議價能力、購買者的議價能力、產品替代性的威脅，與現有競爭者間的敵對強度。因應策略的發展，也出現了第六種的力量：互補者的競合

新進入者的威脅	進入市場的可能性取決於兩個因素：進入障礙與現有產業參與者的預期報復行動。進入障礙包含規模經濟、產品差異化、資本要求、轉換成本、配銷通路取得、政府政策。
供應商的議價能力	提高價格與降低產品品質，都可能是供應商用來向產業現有企業展現力量的方式。如果無法減輕進貨成本增加的影響，獲利將會因為供應商的行動而減少。
購買者的議價能力	購買者（產業或企業的顧客）希望以最低的價格購買產品。
產品替代性的威脅	其他產業中，相似功能與服務的取代可能。
現有競爭者間的敵對強度	市場上既有競爭者的競爭能力與強度。
互補者的競合	互補者是指具有銷售互補性產品或服務，與品牌、產品或服務共存共榮，但也可能產生替代性。

競爭的強度

● 競爭強度影響因素。

機會潛力。
入行難度。
產品性質。
退出障礙。
市場同質性。
行業結構或競爭態勢。

● 對行業的執著。

科技創新的可能性。
經濟規模。
經濟氣候。
公司多樣性。

整合行銷傳播與定位策略

3.3.1 STP分析

STP的概念

市場是指對品牌而言，具有類似需求的顧客及潛在顧客的集合，而且是具有購買力及購買意願的消費者，包含同質市場與異質市場，市場不容易分析調查的原因包含潛在購買者過於分散或遙遠，並且刻意隱藏身分或拒絕回應。建立與滿足目標市場需要有關的獨特品牌形象的過程，在選定的目標市場上找到定位，並在消費者心中擁有特定的位置，這就是STP，包含市場區隔（Segmentation）、目標市場（Targeting）、定位（Positioning）。

市場區隔在蒐集並分析消費者的動機、態度及行為等區隔出不同的顧客群，再選擇目標市場，企業必須評估每一個區隔的特性，如其規模大小、獲利與未來發展等，來選擇其目標市場，並在每一個目標區隔中發展出定位的觀念，最終的目的是產生獨特的識別性。

STP的特質

● 市場區隔在於界定區隔變數，並進行區隔的劃分，描述每一區隔的

剖面，並說明區隔的特性與成員成分。

● 目標市場是評估每一市場區隔的吸引力，並加以排序，選定合適的
　目標的區隔市場。

● 定位是尋求在區隔市場中可能的位置，選定、發展與傳達所選定的
　定位概念。

3.3.2 市場區隔

市場區隔的意義

　　市場在人口統計和社會特色方面的區隔日益細分化，將大市場區
分成數個小的同質群體的過程，稱為市場區隔。市場區隔要區分出一
方面或多方面具有相似性的消費者，市場區隔的基本精神是區塊間的
異質性，使用多個變數較能表現區塊間的異質性，不同的區塊要有不
同的需求構面。有效市場區隔的準則包含以下項目：

● 可衡量性：能夠辨認區塊內的消費者，並衡量該市場區塊的規模與
　購買力。

● 足量性：市場區隔的規模、銷售潛力足以支持品牌生存發展。

● 可接近性：能否透過媒體、地點或管道，接觸消費者，以便和其溝
　通，促使交易發生。

● 可實踐性：該市場能夠受廠商的能力與資源影響，發展運用有效的
　策略來影響潛在消費者。

　　區隔變數是劃分市場所使用的判別標準，在消費者市場方面，可
以分為地理區隔變數、人口統計變數、心理統計變數、心理統計變

數、行為變數。在組織市場的區隔變數包含：購買者基本背景、產業或行業類別、地理區位、顧客業種、顧客購買數量、主要的購買條件與策略、顧客的採購習性與用途。

3.3.3 目標市場

目標市場的意義

　　已經區隔好的市場區塊，必須選擇品牌合適進入的市場。根據消費者特性分類廣大的市場，再決定提供的品牌利益或特色。消費習性不同，消費者具有多樣性的需求，必須瞭解主要消費習性以及例外的消費行為。因產品特性使消費者，缺乏品牌忠誠度，或品牌本身具備的資源與能力，都是進入目標市場的考量。

3.3.4 定位策略

定位的意義

　　定位的重點在於差異化，定位的成功與否是由消費者的主觀認知來判斷。當環境改變，品牌可能需要重新定位，擴大市場基礎，做為行銷策略規劃的基礎。產品的包裝設計、定價價位或銷售管道都必須配合定位，才能有效的凸出品牌的整體形象。品牌都必須有獨特的銷售主張，能夠清晰的定義品牌及其對消費者的承諾。獨特銷售主張的可信度要能使消費者承認並接受，經由整合行銷傳播，獨特銷售主張能夠將品牌區別於競品，創造競爭力並提高獲利能力，建立起消費者

的忠誠。發展定位策略的步驟包含：

分析產品或服務，在目標市場上的位置

↓

選出理想的位置

↓

針對所選出的位置發展策略

↓

實施所制訂的策略

定位的基礎

● 辨認相關的競爭性產品品牌。

● 辨認目標消費者界定品牌差異的基礎。

● 瞭解消費者對各品牌間相對位置的知覺。

● 解讀形成產品知覺的因素。

● 找出目標消費者的期望點。

● 尋求可能的定位點。

● 選定適宜的定位位置。

● 傳達所選定的定位位置。

● 溝通獨特銷售主張。

4

整合行銷傳播與品牌（一）

4.1

品牌的基本概念

4.1.1 品牌的概念

建立品牌的原因

　　品牌源起於「brandr」，意思是加以「烙印」，目的是為了使消費者辨別產品或服務以及與競爭者區別。品牌是名稱、標語、符號、標誌、設計或上述的組合，建立品牌多半從名稱、設計與標語來結合。可以成為品牌的範圍相當廣，包含實體商品、服務、通路零售商、組織，或是個人、團體、城市甚至國家。

　　品牌建立與管理是組織或企業經營的重要策略與指標，內部的員工必須將品牌的理念作為貫徹在工作當中的一環，行銷人員更需要將品牌行銷做為最重要的策略與考量。品牌必須長期維持與溝通的，若能成為強勢品牌，就能在競爭中持續保持優勢，在整合行銷溝通所做的所有投資，長期的目的與效益就是使品牌持續成長。對於消費者來說，品牌形象的形成是許多資訊的總合，除了商品本身，整合行銷傳播中的廣告、公關、事件行銷甚至通路活動，都能使消費者對品牌產生印象，持續的互動行為才能達到品牌的忠誠。

品牌與消費者連結

　　企業與組織的理念會反應在品牌當中，包含品牌文化與價值，與消費者之間的溝通與承諾。對消費者來說，品牌是對產品或服務的感受、體驗、使用、記憶的總體性經驗。能夠產生忠誠度的品牌，必須使消費者具有特別價值、意義與情感的連結，反應使用者形象身分與自我的投射。

　　具有高度忠誠度的品牌建立了消費者的自我認同連結，在社交環境中也成為了表現自我以及風格的媒介。當品牌長期經營並賦予其意義時。就會人格化，而不再只是商品，更是與對應忠誠消費者成為相互呼應的雙方。其中以Mark & Pearson所提出的「品牌原型」，更具體的說明了這樣的品牌與消費者間的關聯，甚至可以說形成了獨特的消費文化。

4.1.2 品牌的意義

　　品牌的定義從品牌的演進可以發現還在持續的修正，這裡列舉學界與業界定義各一例說明。學者Kotler認為：「品牌就是一個名字、名詞、符號或設計，或是上述的總和，其目的是要使自己的產品或服務有別於競爭者」。而廣告業者Ogilvy則將其解釋為：「品牌是一種錯綜複雜的象徵，它是品牌的屬性、名稱、包裝、價格、歷史、聲譽和廣告等無形總和。品牌同時也因為消費者對其使用者的印象，以及自身的經驗而有所界定」。

　　彙整其他相關的品牌定義可以歸納成以下重點：

- 品牌是名稱、標語、符號、象徵、設計或以上的組合。
- 用來辨認出特定的賣方產品與服務，並與競爭者有所區隔差異。
- 產品、服務甚至品牌的外顯元素可以被競爭者所模仿，但品牌精神是無法的。
- 品牌能使產品或服務，超過其功能，而增加價值。
- 品牌價值是透過消費者的認知、體驗、信任及感情所建立。
- 品牌必須長期、一致的運用整合行銷溝通與消費者建立關聯。

品牌傳達的意義

　　品牌在與消費者進行溝通時，會從不同的面向作為主要傳達的意義。

第一印象	消費者接觸或認識品牌的最初接觸點，包含視覺與感受。
文化	代表隱含的特殊文化或次文化背景。
利益	對消費者來說品牌可以轉換成功能與情感上的好處。
價值	品牌的利益與消費者需求的利益相對應，所產生的價值。
代表性	與具有影響力的對象結合，凸顯品牌在特定群體與時代的意義。
使用者形象	可以從特定的使用者識別出品牌所象徵的意義與獨特性。

4.1.3 品牌的重要性

從企業角度來看品牌的作用

● 建立一致與明確的識別方式。

● 企業、組織的特定聯想方式。

● 與競爭者產品與服務的區隔。

● 競爭優勢的基礎。

● 重要的無形資產。

● 保護品牌擁有者的合法權益。

品牌對行銷者的作用

● 運用良好形象提升銷售。

● 方便區隔組織內外同質性競爭。

● 有利未來品牌的延伸,降低新市場投入成本。

● 消費者記憶的符號。

● 品牌故事建立的基礎。

品牌對消費者的作用

● 便於辨認、識別及選購。

● 識別來源與責任的歸屬,與消費者承諾的協定。

● 象徵的符號與意義。

● 避免消費者的購買風險,降低購買成本。

● 滿足消費者的期望、需求與偏好。

● 消費者情感的建立與連結。

4.2

品牌建立

4.2.1 品牌的建立

品牌建立的原則

　　品牌建立時必須考量消費者的記憶能力，通常在符號和標語上，應該易於分辨，而且容易傳播表達。在發想品牌溝通的訊息時，應該將品牌的特徵完整的傳達。設計品牌時，將影響消費者認知特質強調在品牌上，透過媒介影響並吸引消費者感官，以達到認知的知覺。影響產品認知之因素包含：

1. 內部因素：呈現就感官上可知覺到的部分，如包裝的顏色、材質、線條、品牌名稱、包裝的設計或商標設計。

2. 外部因素：包含使用者的特性、購買者的因素、消費者刻板印象、產品的功能面、品牌形象、行銷策略所造成的形象、產品設計師的性別或代言人性別。

建立品牌的步驟

發展品牌願景

↓

建立品牌文化

↓

決定品牌形象

↓

選對市場定位與利基點持續發展

↓

規劃品牌管理策略

↓

建構維持品牌的組織

4.2.2 品牌象徵元素

品牌象徵元素的意義

　　用來辨識或區別品牌的組成稱為品牌元素，消費者必須知覺到該要素與最終產品的功效有關。該元素必須具有創新性以及超越現有品牌的實質優勢。必須設計一個有特色的商標，清楚發出信號使消費者知道主產品包含的要素。品牌元素選擇的準則包含：記憶度、意義性、可轉移性、適應性、保護性。

品牌的象徵元素

品牌名稱：

　　是品牌的中心指標，可以建立知名度，更是與消費者溝通的基

礎，藉其引發品牌聯想。品牌名稱的特色：可從名稱上顯示出產品的
性質及使用產品的利益、易於發音、辨認和記憶，簡短、有正面的聯
想、在國內、外市場皆可得到法律保障（即註冊取得合法保障）。品
牌名稱應該具備下列特色：

- 善用品牌符號（抽想符號、人物、圖形及色彩）
- 能凸顯形象、差異的品牌口號。
- 有音樂性的口號形式。
- 發音簡單。
- 熟悉有意義的。
- 特別有想像力。

品牌個性：

　　品牌個性是品牌延伸聯想出來的人格特質，在品牌構面上，反應
人類的個性，將品牌與人類特質、聯想在一起的組合。運用品牌性
格、創造品牌價值，將品牌的功能利益與消費者自我連結。品牌個性
主要來自於消費者對品牌的聯想、企業塑造的形象、與產品相關的屬
性，包括消費者的想法和感覺。創造品牌個性的方式包含以下項目：

- 採取人物造型，讓消費者留下深刻印象。
- 利用心理特性。
- 使用代言人。
- 符合品牌定位。
- 建立良好形象。

標語：

　　標語具有能夠描述及說服利害關係人對品牌認知的溝通功能。

廣告歌曲：

廣告歌曲是具有音樂性的資訊，經常會誘發消費者情緒上的記憶。

標誌符號：

標誌符號是指各種有意義的圖形、符號與文字體的元素，或三者的混合體，透過消費者聯想能夠改變對於品牌的覺知力。

口號：

口號指用短的言詞或片語來表達相關的品牌訊息，口號可提示廣告想要傳達的理念、強化品牌定位，並凸顯產品的差異點所在。

象徵角色：

象徵角色是品牌符號的一種特殊類型，其為一種人類真實生活的特徵，可創造品牌知名度，並助於傳遞品牌的利益與特色。

4.2.3 品牌關鍵要素

品牌核心意義

形象	包括識別系統、特徵與社會觀點。
概念	產生與喚起消費者思維、認知與記憶。
價值	使用價值與文化價值。
功能	實質使用功效。
情感	引發消費者心裡的感情反應。
故事	背景、歷史與獨特的陳述。
系統	商業系統的運作。

品牌成功應具備的要素

● 與企業或組織的核心理念相結合。

● 健全的行銷組織與人才。

● 完整的品牌整合行銷傳播策略與計畫。

● 產品或服務具備的功能，必須符合及滿足市場需求。

● 容易記憶與辨識的識別系統。

● 品牌訴求明確集中。

● 溝通訊息容易瞭解並且一致。

● 獨特的價值並符合消費者的需求。

● 提供的利益必須維持品質與承諾。

● 消費者認同與忠誠。

品牌成功的判斷指標

● 內部評估指標，例如未來成長機會、組織溝通能力。

● 銷售指標，例如銷售額和佔有率。

● 競爭指標，例如競爭品牌的因應與改變。

● 消費者指標，例如認知、好感、滿意與忠誠度。

4.3

品牌定位與延伸

4.3.1 品牌定位

品牌定位的概念

　　品牌定位在市場上的特有位置，能與競爭品牌有所區別，並在消費者心中產生記憶。強調品牌的區別與屬性的關係，包含消費者利益、消費者動機、目標市場、使用時機、競爭者等不同屬性。品牌定位是建立或是重新塑造與目標市場中的其他品牌差異化的過程與結果，使得相對於競爭品牌，具有的競爭利益。品牌定位凸顯其特性，使消費者在心中有清楚的認知，將品牌識別與價值主張，積極主動地與目標消費者溝通，用以展現品牌優勢，使產品或服務創造的特定形象能深入消費者心中。

品牌定位的目的

　　品牌定位的目的使產品或服務在目標顧客的心中，佔有獨特且具價值的地位。並達到以下目的：

● 將產品或服務在消費者心中留下記憶點。

● 幫助消費者認知瞭解產品或服務。

● 將相關的產品或服務屬性與消費者溝通。

● 消費者能區隔與其他競爭品牌的差異。

品牌定位的切入點

產品或服務差異化定位。
產品或服務類別定位。
解決消費者問題方式定位。
使用者特質定位。
使用時機定位。

4.3.2 品牌延伸

品牌延伸

　　品牌延伸的效應是將品牌已具備的價值，經評估後延伸或擴大。目的在於幫助同一企業或組織較容易為新產品或服務打開市場，並減少行銷溝通費用的支出。品牌延伸通常必須具備明顯的品牌覺察度，沿用既有的品牌至新的產品類別是最容易被消費者識別，而延伸出的品牌必須能增強原來品牌的聯想或增加消費者的喜好。在新的產品類別下，運用成功的品牌名稱，推出新產品或改良的產品，或將現存的品牌名稱應用於其他的新產品上，也是品牌延伸的應用。

　　主要品牌延伸策略：

● 向下延伸策略：在價位市場增加中或低價位之品品牌。

● 向上延伸策略：是增加較高級層次的品牌，以提升商品與品牌形象

● 雙向式延伸策略：公司若定位在中間範圍之公司，可同時向產品的上下兩個方向伸展。

- 普及化策略：配合產品生命週期步入成熟期或衰退期時，採取價格降低策略。

- 發展新用途策略：發展產品的新用途，以增加新的目標市場或增加銷售量。

- 支分品牌策略：企業利用原品牌資源，針對新的顧客群推出新品牌產品。

- 家族品牌策略：以單一品牌應用於所有產品組合或產品線，具有類化效果，延伸消費者對母品牌的好感度。

- 個別品牌策略：公司品牌加上個別品牌的混合品牌，提供獨特消費利益，產品不相關或在價格、品質、使用方法和目標市場差異大時。

- 聯合品牌策略：結合兩個或兩個以上的知名品牌在單一產品或服務上，又稱品牌聯盟。

- 新品牌策略：基於現有品牌的力量已達生命週期末端與獲利能力降低，而建立新品牌。

評估品牌延伸機會

界定消費者已知的品牌知識	瞭解原品牌定位基礎及原品牌所滿足的利益。
確認可能的延伸選項	考慮原品牌的聯想，以及主要定位與核心利益。
評估延伸品牌的潛力	評估延伸品牌會產生的優缺點。
延伸品牌的發展	評估延伸品牌未來的延伸能力。
競爭市場的變化	評估延伸品牌對市場及原品牌的影響程度。

品牌授權

　　品牌授權是指知名品牌將某些品牌要素（如品牌名稱、商標或代表性人物等）授權予他人使用，以收取權利金與相關費用。品牌授權在契約協定下，被授權者可以使用授權者的名稱、標誌、象徵物或其他品牌相關物等來行銷自有品牌產品。品牌授權有不同的動機，包括創造額外收益與利潤、增加品牌曝光或增加品牌形象。授權品牌允許被授權人使用其所擁有的品牌名、商標或品牌特徵，可能經由共有品牌與品牌結盟的效果，將兩個以上的品牌結合，產生加值的效果。

4.3.3 全球化與在地化策略

品牌全球化的必要性

　　現在的消費者對於接觸其他國家或文化體系的產品，是相當頻繁的。所以跨國性品牌行銷人員設計行銷方案時，也較容易爭取消費者對品牌的接受度。國際品牌策略的目的在於加速提升品牌國際化，並縮短在其他國家市場建立品牌的時間及成本。全球化策略又稱為標準化策略，使用全球統一的標準化做法。消費者制訂購買決策時，常會受到品牌來源國印象的影響，消費者依據產品的製造地、來源國進行評估。要建立成功的全球化品牌，必須妥善運用組織的架構、程序和文化，把資源分配到各個國家，並且整合全球化品牌策略和地區化溝通策略以發揮綜效。

全球化品牌的特質

● 建立全球性的品牌形象。

● 具有高度的一致性及原創性。

● 品牌管理結構能完整的經營及管理。

● 確保品牌價值持續增長,創造附加價值。

品牌在地化策略影響

　　全球化品牌必須考量各國文化背景和生活形態的差異,成功的品牌必須能夠瞭解來自全球各地的資訊,並具有創意且執行力強。全球化品牌策略也無法完全運用到每一個國家,品牌在地化策略是因地制宜的做法,針對各個不同的地域或文化來發展個別的行銷策略,著重於不同文化間的變異性。跨國性品牌強調融合各國在地特色,包含品牌發展與行銷傳播策略。跨國性企業確實需要全球性品牌,但亦必須同時擁有當地的地方性品牌,配合產品、產業、當地文化及市場競爭本質,才能成功達到市場佔有與行銷效益。

4.4.4 自有品牌策略

自有品牌的策略

　　自有品牌為零售商或通路的其他成員所推出的品牌。自有品牌以通路名稱來命名時,通常強調價格的差異。當產品的功能相近替代性高時,消費者比較容易選擇自有品牌。透過所販賣的自有品牌與通路品牌產生聯想,塑造完整的品牌形象。許多具有強勢通路品牌的企業或組織,會運用自有品牌發展成獨立的商品品牌,甚至開專賣店。也

有通路品牌將自有品牌做為通路的主要銷售商品，其優點在於全方位的與消費者溝通與建立關係，不需受商品品牌的影響。

創立自有品牌的條件

● 產品的創新程度及品質水準。

● 資金投入規模。

● 組織能力運作能力。

● 顧及通路品牌與商品品牌的關聯。

● ＯＥＭ、ＯＤＭ關係管理。

5

整合行銷傳播與品牌
（二）

5.1

品牌策略與管理

5.1.1 品牌管理

品牌管理的意義

　　品牌管理是在經營品牌的過程，透過有計畫性的活動達成預設的目標，包含規劃、執行、控制與考核。品牌管理必須將組織或企業的理念與使命，以跨部門的方式貫穿在組織文化其中。消費環境的改變與競爭者不斷推陳出新，品牌管理的成功與否也影響了品牌是否能永續經營，更是投資者決定該組織與企業獲利的考量因素。

　　訂定規劃長期管理品牌的制度，來解決經營、行銷、溝通的程序，由品牌核心到品牌願景擬定策略，並具體的實施方案。將目標與品牌策略的方向明確擬定，才能實施整合行銷溝通的計畫。

品牌管理的步驟與任務

　　進行品牌管理時，包含的步驟以及需要達成的任務：

- 分析環境及品牌現況。
- 建立品牌定位與核心價值。
- 決定品牌的組成結構、元素設計。

- 塑造獨特的品牌個性與象徵品牌識別方式。
- 創造具有區隔性與實質利益的商品與服務，並確保承諾實現。
- 確認品牌與消費者溝通的訊息與方式。
- 由內而外的落實溝通的內容，形成品牌文化。
- 整合行銷傳播策略擬定與執行。
- 持續評估是否達成目標及提升品牌權益。
- 持續修正並因應需求而改變。

5.1.2 品牌策略

品牌策略的目的

　　品牌價值建立在品牌的核心能力、和消費者互動的持續性、識別品牌的一致性，以及擁有忠誠的消費群體甚至是具有影響力的人。維持品牌價值的溝通時，必須清晰傳達品牌的內涵與獨特性，實踐對消費者的承諾，持續更新溝通品牌的訊息並維繫雙方的共識。對現有的品牌價值的維護與提升，以及對新品牌的創造及發展，都是組織或企業在發展品牌策略時必須思考的面向。

品牌溝通策略

　　與消費者溝通時，必須瞭解溝通對象以及他們對品牌的認知，進而擬定溝通訊息與內容，以及適合的溝通方法。品牌的生命週期大致分為四個階段，分別有不同的溝通策略。在導入期以建立品牌和差異化做為策略的主軸，進入成長期則必須強化品牌定位與價值的建立。當佔有率達到穩定時也進入了成熟期，就必須將品牌價值盡量延伸，

並監控環境的變化與挑戰，直到衰退期。並非品牌都會在衰退期結束，能持續經營的品牌會積極的創新與品牌再造，但若是品牌已經不具備需要持續投資的價值，就必須考慮退出市場降低對企業或組織的影響。

5.1.3 品牌權益

品牌權益的概念

品牌權益是品牌所連結的資產與負債，當市場當中的競爭在功能上發展到幾乎沒有差異時，較高的品牌權益才能使消費者願意支付價格差異。品牌權益建立在品牌對於消費者的價值與影響力，包含品牌理念與願景、品牌形象與聯想、品牌知名度與佔有率、品牌忠誠度、品牌專有資產、消費者感受的品質以及忠誠消費者的形象等。

品牌權益較高可以擁有較理想的競爭優勢，高知名度和忠誠度的品牌在品牌延伸時對消費者來說較為容易接受，以長期的行銷成本來說也具有較佳的效益。商品品牌權益較高時，對零售通路擁有較佳的談判權；若是零售通路品牌的品牌權益較高時，就擁有了決定上架及與接觸點的決定權。

品牌價值

品牌擁有的價值，就是一種無形的資產，和企業與組織的有形資產相同重要。品牌價值創造過程包含針對現在與潛在目標顧客的行銷組合與整合行銷傳播計畫，影響消費者對品牌的認知與感受。具有較高品牌價值的品牌，對企業或組織的擁有者及成員也會有較高的評

價。透過品牌鑑價瞭解品牌價值，就能使投資者對品牌可以進行評估與財務上的支援，品牌價值的評量更是長期整合行銷傳播的投資報酬績效的基礎。

5.1.4 品牌忠誠

品牌認同

經由長期的需求與情感連結，產生消費者對品牌的使用與認同。確認品牌的定位與主張，清楚將品牌包含有形與無形的價值，運用整合行銷傳播計畫與消費者互動並建立認同。並且持續追蹤確認消費者對品牌認同的原因，以及可能造成品牌認同改變的因素。

品牌忠誠

品牌忠誠是經由品牌認同而產生與消費者的進一步關係與鞏固，也是品牌權益的核心。產生品牌忠誠的消費者，會主動推薦社群成員使用品牌，甚至成為社群中的品牌影響者。消費者與品牌間建立品牌忠誠，可以降低當短暫的外在衝擊因素，影響消費者對品牌的信任與喜好，提供品牌策略反擊的時間。

5.2

品牌文化與形象

5.2.1 品牌文化

品牌文化的基本概念

　　品牌文化代表的是品牌所代表的意義與內涵，從企業或組織的理念與使命、產品或服務的獨特性，組織成員的人格特質，以及與消費者所共同連結建立。品牌文化的發展與社會環境的演變有密切的關聯，經由大眾所接受使用以及依賴，甚至可能成為消費文化的一環。透過故事、歷史、符號、標語、圖騰或特殊的行銷傳播活動，品牌文化的獨特元素建立消費者的記憶點與連結。品牌文化存在的時間歷程越長，消費者的記憶會有所改變，透過記憶點的持續連結，會使消費者進而對品牌產生特殊的情感建立。

　　品牌文化也使消費者產生集體意識，創造出特定的共同經驗與歷程。品牌文化象徵消費者深層的渴望，經由品牌使用或消費者的滿足與認同，產生體驗的意義，並可以將體驗分享給其他消費者。品牌文化的另一個特徵，就是與當代的文化有著一定關聯。品牌與消費者間的主導性是相對的，品牌文化的形成是持續性的。當消費者在環境中受到議題、潮流與社群的影響時，品牌也必須瞭解因應的方式，雙方

的文化流動也形成了品牌文化的特色。

品牌文化策略

　　品牌文化不只是外在的形象，也包含組織內成員的信念，提供組織成員運用創意與策略，打造符合品牌與消費者的獨特文化。文化的形成不只是企畫或規劃而能產生，更重要的潛移默化而產生。打造品牌文化必須引導組織成員去感受、瞭解環境，忠誠品牌的核心價值，結合消費者的特質去發展策略。

　　品牌文化的溝通通常建立情感方面的訴求，藉此激發消費者的情感連結。將品牌擬人化或人格化，必須不斷累積發展的整體文化特質，講究具體和細節。運用行銷研究探取對品牌忠誠的消費者心智想法。消費者對品牌文化的感受可能模糊或不具體，必須將消費者與品牌連結時，對品牌的想法、感覺、態度集合來做參考，結合使用經驗與行銷傳播訊息回想來確認。

5.2.2 品牌聯想

品牌聯想的意義

　　品牌聯想是指品牌的屬性、利益或態度，以及對於消費者與品牌、與組織形象的聯想。品牌聯想透過記憶的反射，所連結到的品牌相關的所有事物，也就是品牌在消費者心中的能見度。關於品牌記憶的任何事物，記憶中的資訊與品牌連結構成消費者對品牌的主觀解釋意義。品牌聯想對品牌形象提供的價值，包含幫助消費者搜尋及處理資訊、差異化品牌的訴求、給予消費者購買的理由、成為品牌延伸的

基礎，以及可以提供品牌的附加價值。

　　品牌聯想的類型包含品牌本身的產品屬性、等級、相對價格，以及消費者的使用對象、生活方式、消費者利益。品牌聯想衡量構面和指標包含品牌形象（功能性和象徵性的感知）、品牌態度（對品牌整體的評價）、知覺品質（判斷整體的優越性）概念化。

品牌聯想的重要性

　　行銷人員利用品牌聯想去區隔、定位與延伸品牌，去創造對品牌正面的態度和感覺，並使人想起購買或使用某一品牌的象徵和利益。消費者運用品牌聯想來協助他們處理、組織、擷取記憶中的資訊，且有助於做購買決策。品牌聯想能產生品牌的差異化與定位，且創造正面的態度，提供消費者購買的理由，也是品牌延伸的基礎。

品牌聯想建構品牌權益

　　品牌本身與消費者現有知識結構進行連結，依據聯想的特性，品牌透過不同的品牌知識，有效強化與提升現有品牌聯想與回應。品牌與其他實體的連結可以建立品牌新的聯想集合，影響現有的品牌形象。將此實體的聯想、評價、感受及對比個體的偏好連接到新品牌身上。品牌與其他個體連結不僅可以創造與該個體的新品牌聯想，也可以改變既有品牌聯想。實體的聯想轉移到品牌程度，對該個體的覺察與知識，消費者知曉對該實體原本具有的喜好，並對該個體具有正面評價感受。對該個體知識的意義性，喚起正面的聯想或感受下。

5.2.3 品牌形象

品牌形象的概念

形象是在主觀觀點下，對某一事物所持有的信念、想法、印象。形象在人心中的整體印象，主要由評價、活動與潛力三個構面所組成。知覺品質的形成是由品牌品質的內在要素、外加屬性組合而成，透過品質知覺又會形成品牌態度、知覺價值及品牌形象。

品牌形象構面包含屬性、利益、價值與文化性，分為企業形象、產品形象與使用者形象。品牌形象是由不同形式的品牌聯想，透過不同的品牌聯想類型、偏好度、強度、獨特性所組成。

類型	基本的品牌印象內容。
偏好度	反應出行銷組合的成功。下分屬性、利益與態度三者。
強度	與資訊如何進入記憶中編碼，與如何存取記憶有關。
獨特性	不被競爭者模仿與分享、無品牌混淆之虞。

品牌形象的特質

可以運用品牌個性、品牌特徵、品牌故事賦予品牌意義與個性。當功能同質性高並且差異性不大時，品牌形象和品牌個性對消費者而言，購買的不只是品牌的功能，而是購買品牌的心理意義。行銷傳播工具對品牌形象的形成有所貢獻，應把每個行銷傳播工具當作建立品牌聲譽所做的長期投資。品牌形象是存在消費者記憶中的品牌聯想，所反應出來的品牌相關知覺。消費者選購商品時經常是下意識（潛意識）的，品牌是購買的重要指標，消費者認同品牌性格，商品反應消費者人格。

品牌形象的重要性

消費者根據每一屬性，對每個品牌發展出來的品牌信念，用以區別不同的產品與服務。

品牌形象是評價產品與服務品質的外部線索，消費者會利用品牌形象，來推論或維持產品或服務的知覺品質，同時品牌形象亦可代表整個服務或產品的所有資訊。

品牌製造公司、來源國或地理區域都可能與品牌建立連結，產生輔助聯想。品牌製造公司因特定的專業知識或傳遞某類特殊價值觀而建立獨特的品牌形象。來源國或地理區域的連結，則因該來源發生的事件或活動可能立即影響人們的知覺。

品牌形象的構成要素

- 產品形象：品牌形象的基礎，是和品牌的功能特徵相聯繫的要素。
- 品牌文化形象：公眾、用戶對品牌所體現的品牌文化或企業整體文化的認知和評價。
- 品牌標識系統：消費者及社會公眾對品牌標識系統的認知與評價。
- 品牌信譽：消費者及社會公眾對一個品牌信任度的認知和評價，就其實質來源於產品的信譽。

企業或組織品牌形象

共通的產品屬性、利益與態度	企業與組織形象需要特別注意品質與創新。品質：認為該企業製造高品質產品，創新：該企業發展新穎或獨特行銷方案。

人員與關係	企業與組織形象聯想可能會反應在企業內員工的特徵，員工所展現的特徵，會直接或間接影響消費者對該公司產品或服務的看法。
價值與方案	企業與組織形象聯想會反應在價值與方案，例如：社會責任的公司形象聯想、關懷環境的公司形象聯想。
信用	消費者會依據對企業與組織的各種聯想而形成抽象判斷或甚至情感，企業信用就是廠商在市場上所達到的商譽，主要來自三個因素：企業專業性、企業可信賴性、企業可親性。
形象指標	科技能力、企業規模、資產狀況、服務狀況、人員素質等。

使用者的形象與品牌形象

使用者指產品或服務的消費群體，通過使用者的形象反映品牌形象。品牌形象與使用者形象的結合一是通過真實自我形象來實現，即通過使用者內心對自我的認識來實現聯想，二是通過理想自我形象來連結，即使用者對自己期望及期望的形象狀態來實現聯想。使用者形象指標：年齡、職業、收入、受教育程度、氣質、個性、社會地位等。

5.2.4 品牌識別系統

品牌識別創造

品牌識別策略主要目的為：辨識產品間的不同，便於消費者記憶或增加產品價值。以銷售人員創造品牌識別，由銷售人員的個人魅力

及整體形象，創造鮮明的品牌識別。以商品及服務創造品牌識別，利用商品或服務獨特之處來強化顧客對產品品牌的印象。以市場創造品牌識別，在廣大市場中選定有利的銷售對象，建立顧客對品牌的認同。有形的品牌形象透過品牌識別系統（CIS）的塑造和傳播工具的使用，以達成顧客滿意指標（CSI）為品牌經營的最後目標。

品牌識別是建立與維持的品牌聯想之集合，代表著企業或組織給消費者的承諾，並透過提出功能性、情感性、自我表達性的價值主張，以建立品牌與消費者的關係。品牌識別是企業或組織希望通過創造和保持能引起人們對品牌美好印象的聯想，並引起人們對品牌正面積極的形象。

品牌識別系統

品牌識別將品牌的經營理念和經營方式、管理特色、精神與文化，透過整體規劃設計，塑造出統一、完整的品牌形象。企業或組織可以透過品牌識別系統來傳達整體形象。品牌識別系統包括品牌的商標、識別符號、精神標誌、制服、名片、信封、信紙、宣傳品等。將其理念、行為、視覺形象及一切可感受的形象，實行統一化、標準化的管理。

品牌識別系統的特性與發展

品牌識別系統的特性表現：

● 將市場行銷與品牌形象設計提升到美學的層次。

● 規範適用於於企業或組織所有部門和全體員工。傳達對象包含消費者、員工、社會大眾、機構團體等。

● 訊息傳達媒介是與企業或組織有關的所有媒體以及大眾媒體。

● 必須長遠規劃，並持續溝通維持。

品牌識別系統的構成要素及設計

　　品牌識別系統的構成要素包含：理念識別系統（品牌文化層次）、行為識別系統（動態識別）、視覺識別系統（靜態識別符號）、聽覺識別（無形的流動符號）與環境識別（整體綜合識別）。五要素相輔相成，相互支持。導入品牌識別系統是專案的系統工程，企業或組常當作建立或重整的起點，必須結合有利的時機推行。

● 理念識別系統（Mind Identity System，MIS）：理念統一化。品牌理念為品牌形象定位與傳播的原點，也是品牌識別系統的中心架構，包括企業的經營理念與經營策略、事業目標、社會扮演角色等。品牌整體的價值觀和運行指導思想，是品牌精神與文化的核心。

● 行為識別系統（Behavior Identity System，BIS）：行為統一化，在品牌實際經營過程中，對所有企業或組織、員工行為實行系統化、標準化的統一管理，形成統一的形象。是實踐經營理念與創造企業文化的準則，對內建立完善的組織、制度、管理、教育訓練與行為規範。對外則透過公關活動、社會公益等方式，傳達品牌理念獲得社會大眾認同。

● 視覺識別系統（Visual Identity System，VIS）：視覺統一化。視覺資訊傳遞的各種形式的統一。將品牌理念、文化特質、商品與服務內容等經由視覺設計而標準化、系統化、統一化，凸顯品牌獨特個性，塑造企業形象。

● 聽覺識別系統（Audio Identity System，AIS）：聽覺統一化。公眾的聽覺的接收統一，包含品牌的識別鈴聲、歌曲或特殊節奏。

● 環境識別系統（Environment Identity System，EIS）：環境統一化。

對所能感受到的組織的環境系統實行規範化的管理。

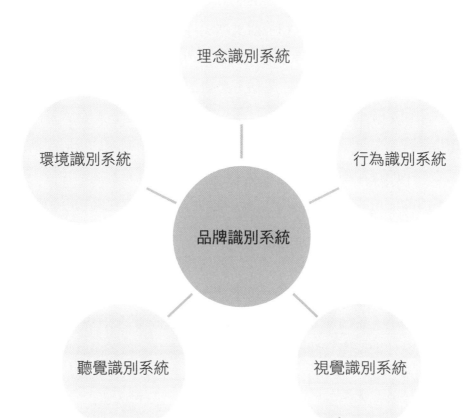

5.3

品牌原型

5.3.1 品牌原型的概念

品牌原型的意義

　　Jung（榮格）發現，各國消費文化中的象徵與特質，有著共通的形式或形象，透過故事的元素出現在世界各地，同時也是源自於消費者的潛意識。故事雖在不同時空卻有相同成分，也就是集體潛意識的原型。消費者原型對潛意識不僅是基本的意念，而且是消費者的感受、幻想與形象投射。品牌原型的形成與消費者原型有密切關聯，透過Mark & Pearson所提出的品牌原型分析，將品牌分為十二種原型，分別是創造者、照顧者、統治者、弄臣、凡夫俗子、情人、英雄、亡命之徒、魔法師、天真者、探險家與智者。

　　最有效的品牌傳播會出現與消費者原型互動的特徵，而且清楚的表達品牌故事。品牌原型的意義必須是長期建立維持，透過一致形象呈現與傳播溝通，才能受到消費者的認同。品牌原型與消費者共同創造故事，形成消費者所認同的自身形象投射。每一個原型都內含許多的故事與意涵，品牌不一定只屬於一種原型，但應該定位在主要的一種。透過整合行銷傳播傳達品牌的原型定位，讓消費者知覺到與自身

原型的連結並加以強化。

尋找品牌原型

尋找品牌靈魂。

- 創立的起源、創辦人，以及創辦的原因。
- 當時的文化環境。
- 開始的定位。
- 曾經吸引人的行銷傳播呈現。
- 長期以來消費者對品牌的聯想以及現在的聯想。
- 能贏過競爭者的品牌的內涵或價值。

尋找品牌內涵。

- 確認分析的原型定位，現在具備和產品或服務有關的事實基礎。
- 實際產品或服務能提供有真實的意義。
- 調查消費者在生活中對品牌的真實認知。

尋找競爭施力點。

- 原型能在市場上提供明顯、持久的區隔性。
- 其他競爭品牌的原型，以及相近的品牌的原型。
- 競爭品牌支持或實踐原型的表現。
- 是否有新進品牌及所代表的原型。

認識消費者。

- 原型對目標消費者具有真實的意義。
- 市場消費者對特定原型具有的反應。
- 消費者的原型與品牌原型具有相似性或需求的滿足性。

5.3.2 品牌原型與動機

原型與動機

　　原型的內涵和表現，使消費者獲得需求和動機的滿足。消費者在消費的歷程中尋找自我的形象，藉由消費表現自我。品牌原型的故事本身就內含了消費者的形象，品牌的意義讓消費者可以看到動機產生的需求，經由品牌的體驗而達成滿足。消費者的區隔從動機出發，經由自己的原型與品牌連結，不同原型的消費者與消費行為有明顯的差異與特質。

基本人性動機需求

● **動機的需求：**

穩定與控制。
人際、歸屬與享樂。
冒險與征服。
獨立與自我實現。

● **經由品牌達成的滿足：**

感到安全。
得到愛、得到團體的歸屬。
獲得成就。
找到幸福。

整合行銷傳播與消費者
（一）

6

6.1

消費者基本概念

6.1.1 消費者行為的基本概念

消費者行為的意義

消費行為是一種過程，現代消費者購買產品不只因為功能，也包含產品對消費者的意義。消費的對象包含有形的商品、服務與體驗，消費者會主動的尋找、購買、使用與評估等行為，並預期可滿足其需求。消費者經由消費的行為產生自我概念的寄託，也是相互依賴的儀式實踐。有些消費者會對曾使用的品牌有懷舊、溫暖或強烈的情感連結。

消費者行為決策時包括的不同角色，包含影響者、決策者、購買者、使用者、處分者、守門員。消費者行為探討包含內在與外在，外在的探討包含消費者界定與區隔、影響消費者的群體與因素；內在的研究則是從消費者需要滿足和選擇、購買、使用產品與服務所涉及的過程，包括消費者動機、學習、人格、認知和態度等主要因素。對整合行銷人員來說，分析並瞭解消費者並洞察其需求與行為，再結合品牌的特性與價值，才能達到雙贏的整合行銷傳播效益。

消費者行為影響商機

在不同文化、政經環境甚至國家環境中的消費者，都有著極大的差異。例如在單一的區域中，因經濟能力的差異而形成常見的M型區隔，也就是極富有與基本滿足消費者形成光譜的兩端，中間分布著不同的消費形態，也產生了不同的消費者決策模式。消費者的需求會隨著環境變化產生商機，以台灣社會來說，少子化造成幼兒商品消費市場的減少，但也產生精緻化的現象。相對來說人口老化則使銀髮族商機增加，包括健康食品與新形態的產品設計。

女性消費勢力抬頭，未婚單身女性因為擁有獨立的經濟能力，自身與社群的消費習性造就了服飾、化妝品甚至外食餐飲的商機發展。文化創意產業造就了更多喜好影音、遊戲、動漫與文化產品的消費者，也使宅經濟從過去的次文化晉身主流文化，更使消費者與品牌產生更強的連結。數位平台則使消費者擁有更多的主導權力與選擇，互動性、即時性及媒介多元性都可說是新的消費模式建立基礎。個人化的數位工具包含智慧型手機、平板與筆記型電腦，都隨著上網的便利性而增加，而社群網路的興起更將實體與虛擬世界的定位改變，成為了流動的空間，行銷人員和消費者關係的更佳雙向而且對等。

6.1.2 影響消費者行為的因素

消費者的社會化

消費者經由社會化的過程，學習獲得產品、服務，以及有關消費技巧的知識，社會化經由直接的指導，或間接的觀察與模仿產生，較

年輕的時期所建立的消費知識會持續影響往後的消費行為發展。提早建立消費者的品牌認同度與忠誠度是重要的行銷策略，甚至至少要先建立消費者對品牌的認識。社會化不限在家庭對單一成員產生的單向影響，成員也可能影響父母或其他成員的社會化過程。

常見的內在力量

影響消費者行為的內在力量，包含以下項目：

動機	促使消費者採取特定行為的內在驅力。
知覺	消費者對外部的刺激會進行選擇、理解、解釋等過程，並賦予特定的意義與形象。
態度	對特定的目標所產生短暫或持續性的反應。
學習	受到消費者自身的經驗與接觸訊息的影響，產生行為、情感及思想上的改變。
心理特質	消費者的內在心理特性，對外在會表現持續且獨特的反應。
價值觀	相對比較其他消費模式的觀念。

常見的外在力量

影響消費者行為的外在力量，包含以下項目：

● 環境因素：整體環境中對於消費者行為有所影響的因素。

● 生活形態與風格：群體的生活模式所形成的行為。

● 文化：主流社會的基本價值、觀念與規範。

● 次文化：主流文化以外的特定族群產生的價值、觀念與規範。

● 家庭：最初影響消費者社會化歷程的環境。

● 參考群體：直接或間接影響個人態度或購買行為的團體。

6.1.3 行銷與消費者的相互影響

消費者行為的應用

對行銷人員來說，瞭解消費者的形態與消費模式、生理與心理需求、消費滿足的達成都影響整合行銷傳播策略的發展。消費者主要的購買通路、商品種類、付款方式與對付款方式的反應，都是行銷管理中4P的基本規劃考量。從消費者的特性與消費傾向尋找品牌相對應的利基點，以及能提供的利益，規劃行銷傳播的溝通訊息設計與工具使用。消費者何時消費、消費情境與頻次，如何消費與考量，都影響整合行銷傳播的規劃流程與階段性目標達成。

消費者對行銷者的影響

企業的行銷策略的核心，要先洞察消費者的需求，關心如何影響消費者知覺、並改變消費者態度。消費者環境指所有影響消費者想法、感覺與行為的外在事物，以及影響消費者的媒介。提供客制化的產品與訊息給市場細分的消費者，滿足個別消費者需求的行銷策略，即為分眾行銷概念的具體呈現。

經濟不景氣導致消費者對價格變得敏感，品牌必須保持品質卻不能犧牲市佔率。消費者經常被行銷人員判斷為理性的決策者，冷靜地去獲得與使用產品和服務，使自己、家庭和社群成員得到滿足。但有時消費者的要求、選擇和行為卻造成個人和社會因過度消費或投機消費（山寨/成癮/奧客）而造成的負面影響。

消費者導向的行銷策略

消費者的反應是對行銷策略的評估結果，成功的行銷計畫在每個

方面都應當結合對消費者的瞭解。

● 界定消費者需求。

● 找出具有這些需求的消費者區隔。

● 定位新品牌或重新定位原有品牌以滿足消費者需求。

● 透過互動科技在個人層次滿足消費者需求。

● 評估行銷策略。

● 確保行銷策略是以具社會責任的方式執行。

6.1.4 消費者涉入度

消費者涉入度的概念

　　消費者涉入度是指因為消費者本身內在的需要、價值觀和興趣與特定目標的關聯程度，特定目標包含品牌或行銷傳播媒介。涉入度程度的高低會影響消費者對訊息的注意程度。低涉入度的消費者所關注的訊息愈偏向基本的功能。而高涉入度的消費者會主動觀察、收集、參與特定目標的相關資訊與活動。

影響消費者的涉入度因素

　　品牌的種類會影響消費者的涉入度程度，對消費者來說需要高度資訊與認知才能做出決策的品類，具有較高的涉入度。若只是基於產品功能或服務而產生消費行為的品類，則是可能是較低的涉入度。為了使消費者增加涉入度的影響因素，可以運用購買情境的改變，增加消費者在購買時的好感度，以及運用行銷傳播媒介使消費者在有形與無形中對品牌有更多的瞭解與體驗機會。

行銷傳播媒介訊息是消費者涉入度的標的之一，也影響消費者對品牌的涉入度。感性的廣告、知名代言人、公關新聞報導或體驗活動，都會使消費者的涉入度增加，而關注並喜好品牌的消費者，也會特別注意這一類的行銷傳播媒介訊息。理性的廣告、價格促銷則是傳達品牌的基本訊息，若是對品牌沒有高的涉入度，這些行銷傳播媒介訊息也不容易提升消費者對品牌的注意，媒介本身也對消費者沒有意義。

6.2

生活形態與生活風格

6.2.1 生活形態的意義

生活形態的概念

生活形態就是消費者因為心理特性、年齡、性別、教育程度、職業、收入等差異，而產生不同興趣、從事活動、購買產品與服務等行為的結合。生活形態的區隔就是將相近的目標消費者予以群組化，對整合行銷人員來說，區隔生活形態可以使目標市場中的消費群體與品牌連結，針對特定消費者的品牌使用情形與偏好擬定行銷策略。

行銷人員會分別開發不同的產品、運用合適的行銷傳播方式，來滿足與溝通各種生活形態的消費者。針對生活形態的行銷區隔，必須符合各類型的行為特性，與適用的行銷傳播方式。相同的生活形態，彼此會分享經驗與生活，產生具有相似購買行為消費者。

界定消費者區隔的方式

消費者的區隔方式與界定經常從較顯著的層面著手，例如地理區隔、人口統計、心理變數、行為區隔與社會文化。衡量生活形態時所使用的工具，常見的是AIO量表。該量表依照活動 （activities）、興

趣 （interests）與意見 （opinions）三種變數的不同結合形式，經由消費者的陳述說明將高度相關的加以連結，來對消費者進行分類。行銷人員常運用的消費者區隔包含：性別的生活形態區隔、年齡的生活形態區隔、地區的生活形態區隔。

近年來比較特殊的是數位消費者的生活形態，特徵包含：從網路搜尋產品到體驗產品，陌生人會知道與被動的注意，朋友會喜歡與主動的注意，消費忠誠者的交易與習慣的關注，資訊與知識複製的連結。

6.2.2 生活風格的意義

生活風格的概念

生活風格是因特定社會文化而產生連結的群體特徵，成為消費行為與文化行為結合的重要特徵。生活風格的意涵包含消費者的習性與品味，習性是引發具體與細節行為的原則，誘使消費者建立感知與欣賞事物模式，也就是品味。消費者在象徵體系中的外顯行為，連結客觀生活條件並且在行動中表現，也是消費者特徵的表現。與相同風格的群體聚集，並且及排斥不同風格的人，用以建立身分的集體認同，透過差異凸顯出不同的特徵。

消費文化創造生活風格

人們經常購買產品不是因為它的功能，而是被賦予的意義。文化是一種自然的、無意識的存在，也是消費的基礎。消費文化決定品牌的意義或價值，因為品牌的生存必須透過特定文化的篩選，在市場中

相互競爭讓消費者接受。在文化選擇的過程中，品牌從購買觀念到實際消費被不斷評價。消費者在面對品牌時，很容易因為個人偏好與文化經驗累積而影響決定。

　　消費文化是在社會群體中，多數人所共同分享的意義。共享的意義對文化的瞭解很重要，需要從整體社會環境來做考量。消費是消費者存在方式的表徵，消費的商品也象徵消費者所存在的文化環境，購買和使用商品是標明自身認同的重要方式。消費文化包含社會的人格的建立、價值觀，以及消費者共有的意義、儀式、規範的產生。

6.2.3 消費者形態與行銷考量

跨文化差異與影響

　　文化價值觀的差異使自我與他人對概念的判斷，在跨文化消費者行為的產生差異。行銷人員在發展不同消費者市場時，必須注意跨文化產生的差異，包含考量消費者間的相似性與差異性，以及因文化的特性而調整行銷策略。跨文化行銷對於具有相同特質與的價值觀消費者，具有推薦購買的能力。跨文化品牌行銷還必須考慮，當地相關的法律或政府措施是否會影響品牌的訊息設計與行銷溝通模式，甚至該品牌名稱與功能在跨文化消費者中，是否具有特殊道德涵義。以及跨文化的消費者特性與相關機構以及法令限制，品牌是否能負荷。

次文化差異與影響

　　次文化群體遵循整體社會中的主要文化信念、價值觀和風俗習慣，卻擁有獨特的文化呈現方式。次文化存在於廣大、複雜的社會體

系中，成為獨特、可辨識的文化族群。同一次文化群體的成員，擁有與其他群體不同的信念、價值觀和思維。經由次文化分析，瞭解次文化族群所擁有的特殊信念、價值觀和風俗習慣，幫助行銷人員找出具有規模、溝通價值的區隔群體。次文化成員有共同的信念和經驗，與其他文化群體有所區隔，消費者常從屬於許多不同次文化，群體成員有很強的認同感。界定次文化必須考慮不同群體的想法、價值觀與行為差異。

跨文化與次文化特性

獨特性	主要文化愈是傾向維持原有特色，對應的跨文化與次文化消費者的潛在影響就愈大。
同質性	跨文化與次文化愈表現出高度的同質性時，對於文化下消費者的潛在影響也愈大。
排他性	跨文化與次文化愈排斥主流文化，或是愈受到主流文化所排斥，孤立於主流文化之外，產生跨文化與次文化的規範與價值維持力愈強，對該文化下消費者的潛在影響愈大。

6.3

創新擴散與消費者影響

6.3.1 創新擴散

創新與擴散

　　只要針對特定區隔內的消費者，知覺為新的產品、服務、屬性或是想法，而且對於現有的消費模式產生影響就是創新。擴散則是反應市場中的消費者，透過擴散模式反應出在特定時間點上，已經有多少比例消費者採用與接受創新。創新的特色分為連續型創新與不連續型創新：

● 連續型創新：只是現有產品的改良，並不改變人們的使用習慣，比較容易被接受。

● 不連續型創新：完全改變人們使用習慣的創新，接受度較有挑戰。

創新性的衡量準則

● 接受新產品的時間：就是由接受新產品的時間早晚來看，愈早接受則創新性愈高。

● 接受新產品的數目：當消費者接受新產品的數目愈多，則代表其創新性愈高。

● 消費者的自我知覺：消費者是否認為自己是新產品的首批購買者，以及選擇在推出多久後才接受該項新產品。

創新的可能採用與障礙原因

● **可能採用原因：**

相容性	必須和消費者的生活形態相容。
試用性	如果在做決定之前先試用，較可能會願意採用。
複雜性	消費者會選擇容易理解和使用的產品。
可觀察性	容易觀察的創新較可能被傳播。
相對優勢	要能在其他選擇間提供相對優勢。

● **障礙採用原因：**

價值障礙	當沒有顯著的相對優點時，可能從價值上來看不如替代品。
使用障礙	當過度複雜或是與既有觀念不相符，可能產生使用障礙。
風險障礙	若嘗試創新必須付出的代價很高，則存在著風險障礙。

擴散理論的策略性應用

　　產品生命週期階段分為導入期、成長期、成熟期與衰退期，針對消費者對新產品採納的時間先後，清楚的界定。產品生命週期內的採用者，並用來區分消費者的行為，分為創新者、早期採用者、早期跟進者、晚期跟進者與落後者。在接收與創新的事物等過程中，因教育程度、社會活動或意見不同，所產生的消費的行為與時間也不一樣。

當新創意進入到一個較封閉的系統或市場時，市場中的創新者則扮演守門人角色。

　　早期採用者具備更高程度的意見領袖特質，當創新者預期產品與技術將要促進某個特定市場時，有能力去發揮影響而在市場上成功。促使新產品從小眾關注的創新階段，達到廣受採用的市場主流。早期跟進者容易接受新觀念，並與同儕互動頻繁，並且其出現顯示擴散的創新獲得主流市場吸引，並為創新的品牌、觀念帶來大量發展的可能性。

6.3.2 意見領袖

意見領袖的概念

　　成功的社群行銷，必須先找到意見領袖，提供相關資訊取得其認同，再由意見領袖經由網際網路與真實世界中去影響他人。意見領袖對產品有深入瞭解，而且意見常會被社群成員認真考慮，是消費者尋求建議與資訊的來源。對於消費者具有人際影響的能力，可以正面或負面影響追隨者對產品的態度與行為。

　　意見領袖成為資訊來源的原因，包含具有專家權力、擁有專業知識與社會地位、具有參考權。在社會每一個階層與團體中都有意見領袖者的存在，對他人與團體造成水平性的影響。市場行家是意見領袖概念之擴大，意指對跨產品類別擁有眾多不同領域心得的意見領袖者。市場行家的資訊與知識面向都較意見領袖要來得更廣與多元。

意見領袖影響他人的原因

● 品牌涉入高：引起情感張力如興奮、喜悅，透過交談、推薦與熱心來平衡自我的高度涉入。

● 自我涉入高：提供資訊與意見給他人來滿足情感需要，例如引起注意、告訴其他消費者主觀意見與立場。

● 個人特性：外在導向的消費者因依賴他人做為行為引導，較容易受影響

● 品牌特性：當品牌能見度高、社會外顯性強時，人際影響力的作用較明顯

● 他人涉入：關心他人的利益，會主動提供自己的資訊與意見。

● 訊息涉入：因行銷傳播訊息或內容很有趣或具創意，而以此為交談與評論主題。

6.3.3 參考群體

參考群體的概念

　　參考群體包括一個或以上的人，在他人的情感與認知回應的形成和採取行動之前，會被視為比較或參考的基準，對個人評價、期望或行為具有重大影響的個體或群體。家庭是影響消費者個人最明顯的團體，兼具初級團體與參考團體之影響力。消費者在社會化的過程中，受到家庭的影響最多。影響來自家庭成員間緊密的聯繫，以及因生活習慣而產生的關係，對消費者具有直接與長期的影響。家庭做為收入與支出的經濟單位，家庭成員之間建立個別與共同消費參考的優先

性。

虛擬社群如同實體社群，是參考群體在數位世界的延伸。由有共同興趣、特質與關聯的消費者，透過網路連結，基於對特定關係建立、消費行為或共同喜愛而進行交流。社會網路的形成是社群成員間互動而建立，而社會資本是經由網路結合人脈的資源，形成獨特的社會優勢。

參考團體類型

● 　成員與非成員參考團體：

成員團體	消費者所歸屬的團體。
非成員團體	消費者未歸屬的團體。

● 　正面與負面參考團體：

正面崇屬團體	消費者認同並希望隸屬的團體，會依心中認知群體對自我的期望來塑造行為，包括了消費者心中的理想形象。
負面團體	消費者迴避與負向參考之團體，會試著與內心排斥的驅避群體保持距離。

參考團體的特質

● 地位：個人在團體或社會獲得或被賦予的位置，包括連帶的權利與責任。

● 角色：描繪團體中不同地位者應有的行為形態，包括對應此位置所期待的態度、價值觀與行為。

● 團體規範性影響：團體成員被期望去遵守的行為規則與標準，有助

於設定和強制基本的行為標準。

● 社會化：團體新成員學習團體價值觀、規範與理想行為模式的過程。

● 單純暴露：因看到人或物的次數較多而對其產生好感。

● 群體凝聚力：群體成員間的相互吸引力以及對自我身分的重視程度，提供社會線索的任何外在影響。

● 價值表達性影響：影響消費者的品牌偏好，以及關於特定品牌或行為的決策。

7

整合行銷傳播與消費者（二）

7.1

消費者人格與動機需求

7.1.1 動機與訊息傳達

動機的概念

動機是消費者內在的狀態，使身體與心理的緊張狀態啟動，驅使並導引消費者產生力量邁向外在環境中的目標並獲得滿足。若是緊張的壓力無法解除，動機所引發之行為將繼續存在。動機具有導引消費者的行為時，會先界定需要滿足的目標，例如：生存、安全、歸屬或成就等，經由產品與服務等目標物的使用來達成。動機引發的活動具有目標性與方向性，影響訊息的選擇與解讀也會受到心理層面、生理層面或是環境層面影響。

動機的分類

從不同的角度可以將動機加以分類，以需要與慾望做為區隔，可以分為生理與心理動機。生理動機包括消費者基於生存與本能反應等天生的動機；心理動機包含消費者對經由學習而來的動機。消費者是否感受到動機的發生與影響，可區分為有意識與無意識（前意識與潛意識）動機。驅使產生主動行為的正面與消極降低行為發生的負面動

機。

消費者因為一種以上的動機，尤其當強度相近時，會因為期望達成的目標不同導致衝突，分為以下衝突類型：

● 雙趨動機衝突：發生在當消費者有兩個都想達成的目標，但只能擇一而無法兼得。

● 趨避衝突：當消費者想要達到一個目標，但同時又希望能避免另一個動機達成的目標時，就產生了趨避衝突。

● 雙避衝突：消費者面臨兩者都不太想要的選擇，但是在動機的驅使下必須做一選擇。

7.1.2 需求理論

需求理論的概念

需求是由於生理或心理不滿足而產生的失衡的狀態，當希望需要得到滿足而啟動，動機是多種層次的需求而組成，行為是由需求所引起的。需求是有層次性及優先順序，低層次的需要要先得到滿足，低層次的需要雖然較優先，但容易滿足。高層次的需要雖然相較上不那麼優先，但卻不容易滿足。消費者的需要會以購買行為來獲得滿足，對於行銷人員來說，瞭解消費者的需求來設計合適的訊息與行銷傳播工具運用，不但使對象可以明確的確認需求的滿足，溝通的成效更可以較為具體。

Maslow馬斯洛需求層級理論

Maslow認為人隨著成長會產生不同的需求。強調人類所有的行為

係由「需求」所引起，各種動機是彼此相關聯的，動機間的關係的變化與消費者生長發展的社會環境具有密切關係。Maslow對於人類的動機，來自不同層次的需求而產生行為，將人類的需求分八個層次：

● 生理需求：飢餓、渴、性、呼吸、睡眠等需求。

● 安全需求：免於孤獨、威脅、傷害及破壞等內在以及安全感、穩定性和擺脫恐懼、焦慮等外在的需求。

● 隸屬與愛的需求：愛、友誼、情感、歸屬感等社會性需求。

● 尊重需求：個人對自己的尊重，如自信、勝任感等以及別人對自己的尊重，如注意、承認、接受與讚許等，進而產生社會地位、名聲的需求。

● 認知需求：求知、探索，以及瞭解事物的本質、真理與意義的需求。

● 審美需求：追求美麗、秩序、均衡與統整欣賞的需求。

● 自我實現需求：自我生命理想的追求與實現需求，包含潛能、創造力、理想和信念的需要。

● 超越需求：自身與天地萬物之間的關係追尋，期望心靈與宇宙契合的需求。

7.1.3 自我與人格

自我概念的定義

消費者對自己本身特性的看法，以及對這些特性評價的組合就是自我概念。自我概念包括外表、能力、個性以及擁有的物品所形成。自我概念的判斷分為自我評價、反射評估與社會比較：

自我評價	消費者依循社會規範標準，觀察自己的行為是否符合社會標準並將行為歸類，因此獲得對自我的看法。
反射評估	消費者透過別人對自己的行為反應來判斷自己，為反射式的自我看法。
社會比較	消費者透過自己與他人的比較來產生自我看法。

自我概念與消費行為

消費者擁有的物件是消費者延伸自我概念的反映，品牌的購買與使用是消費者對外界傳遞自我形象的訊號。消費者將自我概念的心理狀況與品牌象徵的價值做連結，偏向購買與自我形象一致，以及能夠提升自我形象的品牌。對行銷人員來說，自我形象能與品牌定位加以連結，而消費者性別與使用產品利益認知則影響品牌個性的發展。

消費者人格

人格的形成受到先天的遺傳或潛能因素，與後天的文化背景、生活經驗相互作用產生。消費者獨特的心理組合，使面對環境中相似的情境時，產生一致特有的反應傾向。消費者行為有關的人格特性包含：外向性與內向性、自我意識、對物質的認知與需要。品牌塑造與消費者相近或需求的人格特徵，讓消費者投射或經由使用產生滿足

感。品牌個性的特徵和消費者的真實人格特質產生交互作用，進而達到品牌認同。

　　人格會影響適應環境時的獨特行為和思考模式，包含本我、自我與超我三個層面，本我以直接滿足為導向，超我是本我的平衡力量而自我則是本我和超我間的中介系統。

本我（id）	與生俱來的生理驅力與慾望的來源。
自我（ego）	對本我的控制以符合社會價值與規範，又稱為「社會我」。
超我（superego）	將社會價值與規範內化，形成的心理結構與更高標準的道德感，又稱為「道德我」。

消費者的決策歷程

7.2.1 影響決策的因素

決策如同問題解決

　　消費者決策是目標導向的問題解決過程，就是環境因素、認知與情感過程，及行為行動彼此間交互作用的連續反應。影響問題解決的層面，包含消費者的涉入程度與對選擇方案與標準的知識及使用此知識的啟發。消費者決策包含問題確認與資訊搜尋、判斷與決策程序，消費者在處理過程基於感覺而形成態度，影響情感的因素與影響認知推理的因素，也包括溝通來源、訊息與環境。

訊息與環境脈絡

　　處理過程中資訊的來源影響消費者信念，可信的來源做為判斷的周邊線索，包含專家的聲明與背書。溝通來源具有吸引力與受歡迎，是喚起有利情感反應的決定因素，包含名人代言。訊息本身的特徵也會影響消費者的感覺與情緒，包括圖片、音樂、內容與呈現方式。傳遞訊息的環境脈絡影響消費者信念的強度，以及信念的獨特性，使訊息更為可信。訊息的重複可以強化消費者對於品牌的熟悉感，提升在決策時喚起對品牌的記憶。

7.2.2 決策的類型與過程

決策的類型

- 廣泛性決策：通常需要運用大量的資訊搜尋，以確認選擇方案適當的標準來評估決策的結果，也可能要進行多次的選擇決策。
- 有限性決策：資訊搜尋的需求較少，選擇方案也有限，運用消費者現有的認知就可以進行決策。
- 例行性決策：消費者經常性問題的決策活動，憑直覺或經驗即可進行決策的完成。

決策的問題處理過程

問題確認：

消費者確認需要解決的消費問題，分有理想狀態和實際狀態。理想狀態是基於過去經驗的單純期望，或是未來的目標或志向；實際狀態則通常是產品機能失常或產品即將用完等。

問題確認的項目：

- 創造新的理想狀態。
- 創造對於實際狀態的不滿意。
- 將產品或服務定位成為消費者問題的解決之道。

決策計畫：

因其功能性與複雜性而有所不同，具體的決策計畫與執行行為的意圖連結，能夠提升意圖行為被執行的機會。

- 搜尋可選擇的解決方案。
- 評估可選擇的方案。

購買：

所購買的產品被使用，並且消費者會重新評估決策的正確性。

決策後的態度：

- 滿意：感到滿意的消費者會再來，產生持續獲利。
- 不滿意：不滿意的消費者會停止購買、抱怨、散佈負面訊息。

7.2.3 資訊搜尋

資訊搜尋的意義

消費者為了能進行購買決策的制訂，以達到決策目標所從事的心智與形體的資訊搜尋活動，包括搜尋產品、價格或商店等活動。資訊搜尋類型分為購買前搜尋與持續性搜尋，以及內在搜尋與外在搜尋。在進行廣泛搜尋之前，消費者也必須擁有處理資訊的機會，包含可取得資訊的數量、資訊形式、可用時間、可選擇品項的數量。

內部搜尋：從消費者記憶搜尋

在問題確認需求被激起後，消費者通常會開始內部搜尋，回想起儲存在記憶中的各式各樣資訊、感覺與過去經驗。由於消費者處理資訊的容量與能力有限，並且記憶的軌跡會隨著時間而衰退，因此當從事內部搜尋時，有可能只會在已經儲存的資訊中回想起一小部分。

內部搜尋程度可以從品牌名稱的簡單回想，到記憶中相關資訊、感覺與經驗的擴大化搜尋。只有在資訊是儲存在記憶中的時候，消費者才能夠從事主動的內部搜尋。對特定細節的記憶會隨著時間急速地

衰退，因此整體評估與態度，比特定屬性資訊容易記住。內部搜尋可以從記憶中回想起經驗，這些經驗會以特定印象的形式出現，並與其作用產生關聯。

內部搜尋回憶的資訊類型

● 品牌的回想

典型性
目標與使用情境
檢索提示
品牌熟悉度
品牌偏好
價格

● 屬性的回想

可取得性
明顯性
重要性
目的性

外部搜尋：從環境中搜尋資訊

　　有時消費者的決策可以完全回想起記憶的資訊，但當資訊有所遺漏或回想起的資訊不確定性，消費者便會使用外部來源來進行外部搜尋。大多數外部搜尋的研究專注於檢視消費者在做出判斷或決策之前，要取得多少資訊。另外，由於網路來源非常便利，隨著消費者在網路上的資料來源增加，搜尋活動也會有所提升。消費者透過外部來源分類來取得資訊。資料來源包含：零售商搜尋、媒體搜尋、人際搜尋、獨立搜尋、經驗搜尋。

● 選購性搜尋：發生在針對問題確認的激發所做出的反應。

● 持續性搜尋：即使在問題確認未被激發時，也依舊會出現。

　　研究人員對於消費者在外部搜尋期間所取得的資訊形式有高度興趣，因為這些資訊影響消費者外在資訊搜尋的因素，包含市場因素、情境因素、產品重要性、零售因素、消費者個人知識與經驗、消費者個人差異性、知覺風險。

如何從事外部搜尋

　　在搜尋程序的不同階段，消費者傾向於使用不同的來源。在較早的階段，大眾媒體以及與行銷人員相關的來源比較具有影響力。在制訂實際決策時，人際來源則較為重要。依據品牌進行搜尋，消費者再轉而搜尋另一個品牌之前，會盡量取得其所需的所有資訊。依據屬性進行搜尋，消費者在一個時間內，針對一項屬性進行不同的品牌比較，而價格比較就是屬於這種策略。

　　網路改變了消費者搜尋資訊的方式，消費者可以利用網路，針對特定資訊進行搜尋。消費者必須評估的資訊非常多，以致於會產生資訊過度負荷的情形。研究人員可透過含有聲音、影像以及可操控等互動效果的網站，來模擬消費經驗以及試用。

處理資訊動機

　　隨著處理資訊的動機提升，外部搜尋會更為廣泛。以下是能夠提升外部搜尋動機的因素：

● 處理資訊動機。

● 涉入與知覺風險知覺成本與利益。

● 考慮集合。

- 相對品牌不確定性。
- 對搜尋的態度。
- 資訊的差異度。

7.2.4 方案評估與選擇

方案評估與選擇

　　方案尋找時，消費者會主動想起的方案清單包括：已存在腦中記憶的品牌、在購買現場顯著突出、引人注意的產品。較有機會得到進一步正面評價，成為被消費者最終考量與選擇的候選品牌。品牌評估好壞是以從記憶中檢索或是透過外部搜尋的資訊為基礎，重要性權重是依據需要、價值觀、目標、問題確認等為基礎。方案評估標準在關鍵性屬性，最能決定產品好壞的重要標準，產品類別的關鍵性屬性不相同，產品關鍵性屬性並非固定不變，會因情境改變。

　　產品分類即是消費者對於產品或是品牌知識進行的一種歸類行為，分類方式有助於消費者處理資訊。消費者會將環境中的消費者或訊息刺激，依特徵或屬性的不同形成類別並進而評估。為了簡化決策，消費者常選擇性地使用某些原則來取代繁複的評估過程，這些簡易法則又稱為捷思，捷思是消費者在判斷與評估產品時使用的一種心理捷徑。

7.3
消費者認知與態度

7.3.1 消費者情感與認知

消費者的情感與認知

指消費者對環境中的刺激物與事件所做出的兩種心理反應。情感與認知、行為以及環境的動態互動結果，藉此進行生活上的交換行為，消費者所經歷的思想與感覺，以及消費過程中所執行的行動，環境中影響思想、感覺與行動的所有事物。

● 情感：消費者對刺激物和事件的感覺，可能是正面的，也可能是負面的，強度有所不同。

● 認知：指在思考、瞭解與解釋刺激和事件時，所涉及的心理結構與過程，認知是有意識的思考過程，但有些是自動形成的。

認知需求

消費者從事並享受於必須費心思與精力的認知活動之傾向，此傾向為一穩定的消費者差異，是特定的人格特質。高認知需求相對於低認知需求者，比較願意進行認知活動，而且對接收到的資訊會進行較多的反覆思考、分析各種可能的理由。高認知需求者比較喜歡解決複

雜的問題，並且從長期思考的過程中得到滿足的感覺。消費者具有兩個彼此互相矛盾的認知，因此產生不愉快的感覺，改變態度是使個人消除或降低認知失調的方法之一。消費者會從觀察者的角度做自我檢視，藉著環境的影響、和自己的表現、他人的描素等的結果，重新定位自己的態度。

7.3.2 態度與訊息體驗

態度的概念

　　消費者對特定對象所持的感覺（包括喜歡或不喜歡等）和行動的傾向。態度形成是消費者對品牌屬性和利益所持信念的結果，主要受三項因素的影響－學習、訊息來源和消費者個人內外在因素。消費者的態度是學習而來的，透過學習可形成態度。態度形成受訊息來源因素的影響，也受個人主觀經驗、家庭和同儕朋友、大眾媒體等的影響，以及個人內外在因素影響。

消費態度的組成包含

認知元素	態度對象所持的信念。
情感元素	消費者對商品、服務和企業形象等所直接形成好與壞的情緒。
行動元素	消費者的購買意圖。

態度改變

當態度認知與情感一致時，態度處在一種穩定狀態。當態度的認知與情感互相矛盾，且超過個人能忍受的限度時，則態度處在不穩定狀態。當態度處在不穩定狀態下，個人會採取下列行動，以達到穩定的結果：拒絕接受引起態度不穩定的消息，以重新達到穩定狀態。或將兩個互相矛盾的認知及情感各自獨立起來。個人產生態度的改變。

影響態度的原因

● 人格特性：滿足個人需求慾望的行為模式，會儲存在腦裡，產生「動機」。表現行為時，有一套反應方式，稱為反應特質。

● 過去的經驗和消息：因為行為都會儲存在腦海裡，所以反應模式固定且可預期。

● 價值觀和態度：性格與經驗交互作用，形成態度與價值觀。價值觀是一般性概念，而態度較特定。

7.4

消費者學習

7.4.1 消費者學習的基本概念

消費者學習

　　學習是指環境造成行為的改變，可能因生活經驗或訓練產生，內在狀態的改變導致表現於外的行為也跟著改變。當外部情境合適時，內在學習才有會表現於外。消費者與品牌間經由一連串相互刺激的過程，並且教育的學習機制，就是消費者學習。經由刺激，消費者生理上自然的連結反應，經由實驗情境的操作，也就是制約過程加以改變，使消費者對不同的刺激也產生相同的反應。

　　消費者學習分為行為學習與認知學習，行為學習著重於外顯行為因環境刺激而引起的改變與反應；認知學習從訊息處理、決策與問題解決等內在歷程，達成學習的目的。行為學習是外部的刺激引發反應，強調隨著時間形成可觀察的行為，區分為古典制約學習與工具制約學習。認知學習則針對消費者經由訊息接收，而產生主動的內在改變，區分為認知性學習與替代性學習。

　　學習由經驗導致的相對持久之行為變化，不斷發展的過程，學習者不必直接獲取經驗，可以透過觀察那些影響他人的事件而獲得經

驗，隨著消費者不斷接收到新的刺激之同時，也不斷地修正自己的認知。當處於相似情境時，就能進行行為的調整，從消費者對於產品標幟的刺激，以及反應之間的簡單聯想，到複雜的認知活動，都屬於學習的概念。

7.4.2 古典制約學習

古典制約學習的概念

刺激和反應之間是透過消費者生理上自然的連結。在特定時間或空間上將一個能夠誘發反應的刺激，與另一個原本不能單獨誘發這個反應的刺激配對，所引發的自然連結反應。因為與第一個刺激相結合，第二個刺激會引起一個相似的反應。古典制約的學習機制是因為中性刺激與非制約刺激兩個的配對關係，使制約刺激與非制約刺激形成連結，經由接近且重複出現，使在原本與非制約刺激沒有連結的關係，經制約後形成連結關係。

古典制約學習三階段

階段一：制約前	● 制約刺激→無生理反應 ● 非制約刺激→正常生理反應
階段二：制約中	● 制約刺激+非制約刺激→正常生理反應
階段三：制約後	● 制約刺激→制約生理反應

古典制約學習的運用

古典制約原理的運用，使消費者經由行銷傳播訊息，對品牌產生

連結、產生正面態度，增加消費行為的產生。原本制約刺激的品牌，與引起好感的正面刺激連結出現，消費者對該品牌也產生好感。另外像是能引起饑渴、性興奮及其他非制約刺激，不斷與品牌連結，當消費者受到感覺饑渴或性興奮時，就會聯想到品牌。

　　消費者對於類似的刺激，有時會做出近似的條件行為反應，稱為刺激類化。品牌延伸的運用，利用已成功品牌延伸到其他的產品線，就是刺激類化的運用。區辨學習則是要消費者對不同的刺激（即使相接近）做出不同的反應，品牌不希望消費者把它和其他的品牌混淆，而認為都沒什麼差別，因此區辨學習必須教育消費者區隔差異。

7.4.3 操作制約學習

操作制約學習的概念

　　消費者經由學習能夠使積極結果產生，並避免消極結果的行為。反應是為了達到目標而故意造成的，學習行為的發生需要一段時間，在塑造過程中還要獎勵中間步驟。學習的達成在於所需的行為發生後給予獎勵。操作制約學習在於行為與環境刺激的關係，行為的結果決定了行為再次發生的可能性。獎懲是基本要件，強化正向行為或減弱負向行為，消費者的行為與結果之間如果是正向強化，行為會增強，反之則會減弱。

操作性制約學習發生方式

● 正增強：環境給予獎勵，使反應得到強化。

● 負增強：避免遭受懲罰或不悅而學會並產生行為。

● 停止：避免遭受懲罰或不悅，而不再重複行為產生。

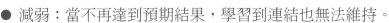

● 減弱：當不再達到預期結果，學習到連結也無法維持。

操作制約學習的應用

　　頻次行銷是以獎勵來增強消費者的行為，獎勵會隨消費行為增加而提升。包含運用在促銷活動，明確給予消費者利益，建立消費行為產生。增強方式包含：

● 連續性增強：行銷傳播活動的持續溝通，並保持消費者在接觸訊息後，經由獎勵產生的行為。

● 固定比率增強：必須在固定消費行為次數後，才給予獎勵增強行為的持續。

● 不固定比率增強：在消費行為後經由隨機或不固定的獎勵，使消費者期待並持續行為。

● 固定時距強化：固定時間出現獎勵，使消費者產生週期性的行為。

7.4.4 認知性學習

　　認知與訊息的說服溝通的影響因素包含：訊息的強度、訊息周邊線索的輔助、訊息傳播的形式、收訊者涉入度、消費者既定的想法。認知性學習強調內部心理過程的重要性，是以認知因素為基礎的，對刺激發生預期的反應。認知性學習的發生是消費者發展有意識的假設，並按照假設來採取行動，強調消費者在學習歷程中，學習的方法是經由認知，而非刺激與反應之間的連結。

　　認知性學習強調消費者學習過程，不必經由練習或觀察，只經由理解情境中各個刺激之間的關係，就可以學到解決問題的方法。強調

內部心理過程的重要性，把消費者視為問題解決者，會積極使用周圍資訊以掌握環境，強調創造力和洞察力在學習過程中的作用。影響購買決策的情境因素，是由視覺環境影響回憶，先發品牌資訊常比後續品牌的資訊更易從記憶中提取出來。

記憶與檢索

記憶是消費者所儲存的產品、服務以及消費經驗等相關知識，可以反映出消費者的使用知識，檢索則是消費者回想或取用所儲存的記憶。透過許多來源進行資訊的儲存與檢索，包括行銷溝通、媒體、口碑以及個人經驗。記憶的類型包含：

感官記憶	回聲與視覺暫留記憶，從感官處獲取的資訊。
短期記憶	意象與文字處理記憶。
長期記憶	自傳式與語意式記憶，儲存資訊的時間和容量都是有限的。

認知性學習的應用

消費者對於認知與記憶產生的行為，與吸引力相關。品牌在記憶中，突出的刺激較有可能獲得注意，也更有可能被回憶。消費者對品牌的經驗越多，就能對資訊進行更理想的運用，但是當消費者高度熟悉特定品牌時，就只會特別的資訊。懷舊行銷則是利用消費者已存的記憶，品牌透過行銷傳播訊息喚起消費者年輕時的「美好的時光記憶」，經由懷舊感轉移到品牌身上。

7.4.5 替代性學習

替代性學習的概念

　　替代性學習是在社會情境中，經由觀察或模仿楷模者行為而學到的。當消費者觀察到他人的行動及發生結果，進而改變行為的過程，又稱為模仿性學習。當消費者觀察他人的行動，並注意到獲取的增強效果，是替代性經驗而非直接經驗作用的結果。當人們累積知識時，會把所觀察到的事物儲存在記憶中，也許以後會使用這些資訊來決定消費者自身的行為，是消極的學習方式。

影響替代性學習的因素

● 注意對象：必須有適當的榜樣。
● 記憶力：必須記住榜樣的所作所為。
● 動作能力：必須把資訊轉換為行動。
● 動機：必須有動機促使消費者表現出行為。

替代性學習的應用

　　消費者發展新反應，抑制非期望的反應，可以幫助發展資訊接觸行為。找尋品牌的過程以及觀察其他消費者，來增加接觸資訊的行為，影響消費行為的決策。消費者以替代性方式學習行為，行銷傳播資訊必須告訴消費者其他使用或沒使用品牌的榜樣，所產生的行為，消費者會被動機所激發而模仿榜樣的行為。

第二篇

傳播篇

8

整合行銷傳播工具

一廣告與媒體採購

8.1

廣告

8.1.1 廣告的基本概念

廣告的基本概念

　　廣告是整合行銷傳播所運用的工具中，傳播對象最廣而所運用的費用也是較高的。策略訂定、訊息設計、呈現效果甚至播放媒介，都影響了廣告是否能達成效益的關鍵。廣告必須是有目標，有計畫且有連續性的，運用分析、管理達成執行，但也需要經由觀察、發想產生創意。但是廣告無法改變商品或服務的本質，再成功的廣告若是消費者不接受所溝通的主體，也無法達到預設的銷售目標。

　　廣告本身就是付費的交易行為，廣告主是廣告活動的發起者，也是廣告經費的來源、擬定策略企畫，正確的產製出期望達成的廣告訊息、運用適當的廣告媒體、傳送給適合的消費對象。廣告的傳播媒介包含電視、廣播、網路、報紙、雜誌、通路、交通工具、DM，甚至網路、手機等都是，因環境變化及消費者的使用習慣改變，品牌對媒介的投資也會因為效益而調整。

廣告的定義與特色

　　廣告是由可辨認的廣告主所提供的付費訊息，透過各種媒體傳播，以達到連結、溝通與說服目標閱聽眾的目的。其他整合關於廣告的定義與特色：

● 可識別的特定廣告主，包含企業、組織與個人。

● 公開付費（含贊助）的傳播方式。

● 具有傳播標的，包含品牌、服務或觀念。

● 必須透過媒介，人際傳播以外的方式。

● 訊息設計必須考慮媒介類型。

● 根據消費者的需求與品牌的價值設計訊息。

● 具有告知、溝通或說服消費者的目的。

● 創造消費者的品牌聯想。

● 引發消費者的判斷及感受。

廣告的目的

　　不同時期的廣告可以反應社會變化與民眾的需求的趨勢，廣告展現當時社會價值觀甚至創造流行文化。消費者希望經由行為達到需求的滿足，但有時潛在的慾望需要洞察、開發與創造。有時消費者需要經由廣告強調消費的合理性與正當性，溝通說服消費者接受廣告內的訊息或建議，對廣告品牌產生正面的情感與連結，進而採取對廣告產品或服務正向的行為，並在行為建立後持續提醒。

　　廣告對廣告主來說是費用的投資，目標還是在於創造銷售與利潤，以及品牌的建立。廣告必須符合消費者需求，也要考慮品牌的特色、功能與價值，以品牌訊息為主，包含品牌個性、形象品牌與品牌價

值；若是以產品與服務功能為主，包含價格、產品特色或種類為主。

8.1.2 廣告與媒體的種類

廣告的種類與形式

● 廣告主形態區分：產品與通路品牌廣告、政府廣告、企業與組織廣告、非營利組織廣告、合作廣告、個人廣告。

● 目標對象區分：對消費者廣告、對利害關係人廣告、對企業廣告、對競爭者廣告。

● 地域區分：國際性廣告、全國性廣告、區域地方性廣告。

● 消費者反應區分：直接反應廣告和間接反應廣告。

其他例如形象廣告是指當公司在對產品進行行銷時，需要藉由機構廣告來建立、維持或改善組織的整體形象。目的在於讓顧客保有對該品牌原有的熟悉度。

廣告媒體的分類

以訴求對象多寡區分	A.大眾傳播媒體：電視、廣播、雜誌、報紙、網路。 B.小眾傳播媒體：戶外廣告、交通廣告、DM、通路POP、目錄。
以涵蓋地區區分	A.全國性廣告媒體：無線電視、全國性雜誌、網路。 B.地區性廣告媒體：當地有線電視、當地交通廣告。
以揭露時間長短區分	A.長期廣告媒體：戶外看板、雜誌、報紙、網路。 B.短期廣告媒體：電視、廣播。

8.1.3 訊息訴求與策略

訊息策略

　　訊息是運用概念、文字、聲音或其他刺激創造出來，設計訊息的過程以及運用訊息來影響消費者就是訊息策略。廣告訊息必須考慮與消費者溝通的基本能力，以及符合消費者行為中需求滿足的內容要素。訊息策略在設計時必須思考訊息本身、訊息的傳送者及來源，以及接收訊息的消費者，廣告訊息必須讓消費者能夠瞭解，並覺得有意義的方式來接收與傳遞。

訊息的類型

目的層面區隔類型

● 說服創新性訊息：激發消費者對尚未滿足的需求，進行思考選擇。

● 競爭比較性訊息：強調需求的選擇，直接比較品牌間的差異。

● 提醒告知性訊息：強化消費者的偏好關係，增強消費關係的維持。

情感層面區隔類型

　　從情感的差異，設計廣告訴求或主題以預期消費者產生反應，廣告訊息可能同時結合不同的訴求，分為理性、感性與道德。

● 理性訴求：針對目標群自身利益的追求，設法證明品牌能帶來預期的好處。

● 感性訴求：用正面或負面的情感，刺激內心與行為的反應產生。正面感性訴求包括愛、榮耀、歡樂及幽默等；負面感性訴求包括恐懼、內疚、羞恥等。

● 道德訴求：使消費者瞭解社會或文化中道德的期望

訊息表現方式

生活剪影
美好形象
產品示範
現身說法
卡通動畫
音樂
生活形態
幽默好玩
科學證據
產品個性化
想像

廣告管理與策略

8.2.1 廣告策略與管理

廣告策略的概念

　　為了使廣告的發展能達成預設的目標，擬定精準的策略以及廣告執行的流程控管，都影響了廣告的成效。廣告策略提供指導和擬定廣告的訊息設計與溝通方向，通常廣告具備較為繁複的流程，品牌行銷人員與廣告代理商必須持續的就廣告策略確認是否能達到預設的目的，包含品牌核心價值溝通與消費者利益。評定的基礎上也包含創意的發想，以及具體呈現的形式與溝通平台的選擇。

　　在分析過程中，品牌的核心價值通常會在針對品牌延伸如新產品上市，或是集團品牌溝通時，做為主要策略考量。而消費者利益會運用品牌功能和消費者的需求與意義連結，以及新消費者開發來擬定策略。整合行銷傳播的競爭者是以品牌溝通時做為參考指標，但是在發展廣告策略時也必須考慮，在當時的傳播訊息與平台中，相近或主要的競爭品牌，以及對方的廣告策略運作時，消費者接收訊息後產生的動機及購買態度，做為發展廣告策略參考。

8.2.2 廣告管理的程序

廣告管理的程序與考量因素

界定目標收視族群

因目標收視族群不同，廣告訊息必須調整改變，有時品牌會在同一時期的整合行銷傳播計畫中，提出不同版本的廣告訴求重點與內容，因為希望不同接觸的層面的目標收視族群。目標收視族群的界定必須考量品牌的目標消費者，以及媒體平台的接收族群區隔，並非都能剛好達成一致時，效益的考量會是最後選擇溝通對象的主要考量。

確認目標收視族群需求

目標收視族群中，可能包含現在與過去的品牌消費者，以及在不同階段的消費者區隔。清楚溝通對象的行為現況、方式及需求，目標收視族群所在意的利益點，以及可以達成滿足的具體方案。品牌在擬定溝通策略時，也會因為如決策者、使用者或影響者等不同階段的對象及需求而調整，再運用整合行銷傳播的整體規劃，結合其他媒介達成綜效。

設定廣告目標

廣告目標依據整體的行銷策略而擬定，會因期望目標收視族群接收到後的反應不同影響廣告目標。以品牌核心功能溝通，例如新產品或新服務時，常運用告知性的廣告目標，希望達到消費者對目標的認識。說服消費者對品牌的偏好時，如功能的差異性比較，會運用說服

性的廣告目標，希望說服消費者偏好提升與購買。

　　提醒性的廣告目標則是針對原有的品牌使用者，持續購買品牌並強化消費者對品牌的連結。針對品牌本身的考量因素，包含市佔率的提升、庫存的調控與產品和通路的合作，甚至特殊節慶的議題，則會運用促銷性的廣告目標。

發展廣告創意與策略

　　廣告創意與策略發展是廣告目標的達成具體作為，廣告創意包含思考訊息呈現的手法與方式、創意的獨特性與可行性、與競爭廣告間的比較。將廣告創意落實在廣告策略中，結合協力廠商的製作技術指導與執行，如廣告導演、後製單位等，將廣告具體產出。

選擇廣告媒介

　　透過媒體的訊息曝光為品牌帶來效益，就是媒體的效果價值。透過不同的溝通媒介，目標收視族群所得到的感受也不同，廣告媒介的選擇必須在整合行銷傳播計畫的架構中，同時思考結合其他的傳播工具運用來規劃，例如電視廣告以即時段，可以與置入性行銷和公關新聞的露出結合，而戶外廣告的呈現則可以結合消費者體驗活動或事件行銷來達到整體的傳播效益。

設定廣告預算

　　廣告預算的擬定必須與整合行銷傳播的整體計畫同時考量，廣告預算經常與銷售量、品牌認同調查結合，做為效益的評估。通常若是

由廣告主主導的廣告預算，會從過去的經驗以及當時的營運需求來考量。若是廣告的發展對品牌來說是新的嘗試，廣告代理商所提出的計畫金額則成為考量的依據。以下為廣告預算的擬定方式：

● 目標任務法：預計透過廣告要達成目標的所需預算。

● 量力而行法：品牌能力範圍中所能運用的資金預算。

● 銷售百分比法：單位產品售價或銷售額的比例提撥預算。

● 競爭對抗法：考量競爭環境的廣告預算。

媒體企畫與購買

　　媒體企畫就是達到效益的整體企畫方案，通常會由媒體企畫代理商來負責。在媒體企畫的考量中，通常廣告本身的拍攝執行預算不高，而媒體購買則是主要的費用支出。傳播媒介的選擇必須考慮決定接觸率、頻次，在一定期間內目標收視族群接觸到廣告訊息的百分比與總人數，與平均每人對訊息的接觸次數。必須考量接觸到足夠數量的目標顧客，以及平均接觸到足夠的次數以便產生效果。

評估廣告效益

　　廣告在正式播出前會先測試消費者對廣告的反應，是否與預設目標一致，而播出的期間則會針對廣告所產生的效益進行監控評估，包含銷售業績與品牌相關評量。在整合行銷傳播的計畫中，因廣告所產生的影響與預算比重較高，有時會在一段期間後，就期間內所有的品牌與競爭者廣告，做記憶迴響的測試。

8.2.3 置入性行銷

置入性廣告

　　將品牌帶進目標對象使用的媒體，在接收的內容中加入並做為置入的元素，包含運用道具、對白或場景。讓品牌成為內容中的一部分，提高閱聽眾的接受度。消費者在接收媒介本身時，同時跟品牌產生互動，認同媒介內容的情感，購買內容是將主持人或演員所用的產品而成為生活的一部分，就達成了置入性行銷的目的。

　　品牌置入必須付費，使品牌在媒介內容中出現。品牌商標可以置入於媒介內容的背景中，並於過程中持續停留在畫面中。置入的尺寸及位置可以融入整體環境。置入性行銷對於電影、電視、平面媒體甚至數位的置入，優勢在於品牌在消費者潛移默化中接受。整合行銷傳播的計畫可以結合品牌置入與娛樂業，或周邊廠商搭配進行廣告、公關、體驗活動、特別促銷與數位活動，達成品牌的連結效益。

置入行銷的類型

● 談話或綜藝節目的置入。

● 戲劇情節置入。

● 視覺影像或聽覺符號的置入。

數位遊戲的置入性行銷

　　數位遊戲的置入性行銷是將遊戲內的元素、可見相關視覺與標語，交由品牌運用置入，使置入的品牌能見度提高。遊戲中的消費者將品牌做為進行的一環，甚至透過虛實整合，消費者可以於遊戲中購買後收到實體的商品。遊戲置入的消費者激勵方式，通常經由點擊品

牌圖示連結到網站資訊、影片或銷售通路，希望能帶來品牌實體的消費行為，所有形式的置入圖示皆可視為品牌的溝通媒介。通路運用置入性行銷，在遊戲中建立數位商店，藉由虛擬世界中的曝光來加強真實世界中的品牌喜好度。

8.2.4 代言人策略

代言的定義

閱聽人的購買行為，常會認同於某一意見領袖衍生出來。名人背書策略的原理在於藉由消費者對該名人所擁有的知識來推論品牌優點。並且吸引消費者對品牌的注意型塑品牌知覺，但所選的名人必須擁有足夠的知名度來提升品牌察覺、品牌形象及對品牌的回應。對代言人有正向和反向的感覺，若喜歡代言人會連帶喜歡所代言的產品，但若不喜歡代言人或品牌時，會發生不平衡現象。

理念代言人

平衡理論，對於人們認為可能會有所關聯的因素，設法維持其關係一致性，達到三角關係的認知平衡。閱聽人的事前態度即對代言人的事前評價，以及對對象的事前評價是重要的影響因素。感情上的連結，指觀察者對另一個人與對觀察物所存在的正負面感覺，即為其態度主要成分。

8.3

媒體企畫與採購

8.3.1 媒體企畫

媒體企畫的概念

　　隨時留意媒體市場現況，媒體企畫人員必須根據經濟活動、媒體市場現況、商品特性，及品牌定位的媒體定義、競爭者的媒體策略等，進行市場分析和廣告目標分析，進行針對所蒐集到的情報研擬媒體策略。媒體企畫是指媒體版面與時段的決策過程，媒體企畫主要是建構在廣告策略下，當廣告企畫階段時，媒體人員也開始投入運作的過程，提供有關媒體運用的方向指標、執行的項目、媒體預算、預期達成的效益等內容。要發展周延的媒體計畫可從情境、目標與策略三大面向的思維著手。有效的媒體企畫包含：

● 可能爭取的目標大眾。

● 賦予廣告訊息最大的能見度。

● 在預算內有效控管廣告刊播。

　　為達成眾所皆知、有效擊中目標對象的廣告效益，所採用的媒體方法就是媒體策略，亦即媒體所採用的行動方針，如何分配預算在不同媒體上就是媒體策略的核心思維。媒體屬性的廣告效益，不同的媒

體有不同的屬性，相對影響到不同閱聽眾的收視群，依其產品屬性與掌握目標消費族群的媒體習性，選擇適當的媒體刊登。媒體企畫書的內容包含：

媒體目標
主要媒體策略
決定市場
媒體組合
媒體排期
媒體播出
策略發展計畫
目標閱聽眾
時間考量
預算
媒體購買
媒體效果評估

8.3.2 主要的媒體決策與策略

媒體策略的考量

　　影響廣告持續的因素包含：廣告預算的多寡，消費者的產品購買間隔，其他競爭者的廣告活動。廣告媒體計畫情境分析，對內：瞭解該產品年度行銷計畫，對外：要瞭解競爭者如何規劃媒體，以及採用的媒體刊播策略。銷售到不同地區時，不會在所有地區進行比重一樣的行銷傳播活動。媒體計畫必須將有限的廣告媒體預算，按照廣告活動地區的優先順序分配到各個目標市場。

主要的媒體決策與策略

目標消費者
銷售區域
廣告持續多久
媒體組合
媒體目標的擬定
媒體目標的擬定
媒體目標
廣告推出時點
廣告排期
媒體目標
溝通對象的確認
銷售區域的選擇

媒體目標的擬定

　　產品屬性與媒體屬性的扣連，產品有其生命週期與特有的產品屬性，選擇媒體時，要考量媒體的屬性是否能配合產品屬性，產品的消費對象與媒體特性間的扣連，在於消費對象的媒體使用習慣與接觸的情況為何。廣告推出時程的確認，廣告在何時刊播是最佳的曝光時機，時機點與產品的屬性有密切的關聯性。

媒體選擇

　　透過目標消費者習慣使用的媒體來刊播產品訊息，讓消費者有機會接觸到產品的資訊，是所有產品行銷的重要思維，因為需要先有曝光機會接觸到產品訊息才有可能對產品產生印象。媒體預算如何在不同媒體之間做最有效益的分配安排，才不會浪費資源，需要進行比例的分配。

媒體組合

● 選定媒體：可以透過媒體組合的交叉作用，提高媒體採購在一定時

期內。以達到最佳的傳播效果。

● 刊播的考量：亦即媒體特點、刊播時期、時間長短、同時進行或交叉進行等執行的考量。

● 媒體策略的擬定、媒體組合的利益：廣告的延伸效應、廣告印象的累積、廣告效果的持久力。

8.3.3 媒體購買

媒體購買的概念

　　媒體的購買活動包括了與媒體的交涉協商，媒體會自訂一些標準的基本價碼，隨著刊播的情形、季節等而變動。買到好的版面、時段與刊出日期的配合，與價格的優惠一樣重要。廣告推出的最佳時間，即消費者最佳接觸廣告訊息的時機點。不論排定的是哪個時間點，最重要的原則就是廣告曝光最佳時機點的概念。廣告的刊播效果與媒體品質之間有絕對的關聯性，媒體的品質都應該可以讓廣告有最好的呈現。但是媒體人員要在確認的廣告刊播時期內，監看負責的廣告是否有如期如樣的刊播。

　　媒體決定閱聽眾為區隔廣告主刊播廣告的對象，媒體本身必須運用內容創造特定閱聽眾，並形成特定的群體。以收視率所代表的相對多數閱聽眾人數，讓廣告主決定是否接近或符合廣告策略的目標受眾。收視率高或閱讀率高的媒體會較吸引廣告主，因為有較多的閱聽眾可能接觸到品牌的廣告訊息。

　　過去是由廣告主的預算來決定媒體內容，但隨著媒體集團的興起，使得主導權轉向具有整合媒體傳播能力的媒體集團手中，也提高

了消費者在使用媒介時，因為所受影響的能力不同，而使廣告主必須更瞭解收視媒體的對象，以及媒體購買時的組合策略。

8.3.4 排程策略

檔期概念

　　媒體人員購買與刊播媒體時，會使用檔期的方式安排，也就是具體的媒體安排時間表。包含電視與廣播廣告的購買檔次，平面的購買版位與時間，以及網路廣告的版位、輪播時間次數。在特定期間內，重複媒體使用的次數，並控制每次之間的間隔，例如每日、週末或特定日期與指定時間。

排期決策的概念

　　排期決策指的是推出廣告的總時程，及各個區段不同廣告預算的分配。

● 連續策略：產品消耗週期短、積極建立品牌形象者，並且擁有充足的預算與立即發展的策略目的。維持消費者對產品訊息之記憶。

● 市場連動策略：市場連動性高時，可多密集強打廣告；若市場連動性低時，應少刊播廣告，順應競爭市場變化。

● 間隔策略：刊播時間依產品策略配合，適合運用在時程較長的傳播計畫，以及有特定週期性或季節性的品牌或行銷傳播活動。

● 集中策略：適用於特殊事件的發生，短期並立即期望達到成效。

9

整合行銷傳播工具
—公共關係與合作贊助行銷

9.1

公共關係

9.1.1 公共關係的基本概念

公共關係的概念與意義

　　消費者對公共關係的認知，多半來自舉行記者會與發布新聞稿所報導的內容、企業的慈善捐款與投入公益與環保議題。與利害關係人溝通互動，透過各種傳播媒介建立良好的形象和促進整合行銷的目的，則是企業或組織對公共關係的認知。公共關係是企業或組織與利害關係人之間的溝通行為，並經過規劃、管理與執行達成預設的目標。

　　企業或組織運用公共關係建立良好形象與社會大眾的認同，公關部門必須負責組織內外部的溝通管道，並建立與新聞媒體的關係獲得有利的報導，同時有效控制不利的危機處理，包含負面訊息與謠言。進而發展與其他利害關係人的良好互動，包含社區關係、投資人溝通以及促成或阻止相關的政府法律措施。彙整公共關係相關的定義，歸納為以下重點：

● 企業或組織與利害關係人溝通的管道。

● 具備管理、策略與執行的活動。

● 公共關係的運作應該在公開的情境進行。

● 運用不同的媒介與方式達成溝通的目的。

● 目標對象包含企業或組織所接觸的所有利害關係人。

● 面對不同的利害關係人，運用相對應的策略建立關係。

公共關係的功能

　　對企業或組織來說公共關係的目的包含創造與維持環境與消費者的正面看法，並降低和消除負面的訊息。企業或組織對公共關係的定位，影響了所發揮的功能，若是以經營者的層級來進行部門的管理，才能達到品牌理念溝通。若是設定在與行銷部門平行，或隸屬行銷部門，公關人員的主要功能則通常是負責企業或組織形象立場的溝通與維護、對外窗口、媒體關係的建立與協助整合行銷傳播。

　　相對其他的整合行銷傳播工具，公共關係是建立消費者對品牌的瞭解與信賴，透過關係建立達到溝通與行銷的目的。媒體是成為中間的傳遞關鍵，因此運用創意設計議題、活動、記者會等方式，經由新聞報導或其他專題的操作方式，降低消費者的防備而達到潛移默化的效果。透過媒體並溝通、影響或說服利害關係人的想法、意見與行為。對有關品牌與組織的消息來源進行整合管理。結合其他整合行銷傳播工具，使消費者採取支持品牌的正面行動，建立或維持品牌忠誠度。

9.1.2 公眾與利害關係人

公眾與利害關係人的意涵

公眾是傳播溝通的目標與對象，概念接近消費者。包含組織相關的團體與個人，組織對公眾視為一個整體環境，以全面的觀點進行系統性分析。公眾的屬性具有共同背景、問題、需求、興趣、利益等。利害關係人指對企業或組織有關聯或負有監督責任，以及對特定社會議題關注的相關組織與個人。

公眾與利害關係人的腳色可能會互相重疊，但利害關係人更為廣泛，也公助於更特定的事項與議題。公眾與利害關係人的意見、觀點與行為，對公共關係的目標與發展有相當的影響力，為品牌提供決策依據、即時掌握公眾輿論、提高公共關係活動的成功率並塑造有利的良好形象。

公眾區分方式：

- 人口區隔：依人口統計變數來做區隔。
- 地理區隔：溝通範圍針對某一特定區域。
- 生活形態區隔：用態度、興趣、意見（AIO）界定同質性。
- 使用模式與承諾程度：使用品牌的模式來界定消費模式問題。
- 利害區隔：品牌與公眾重視的利害連結思考。
- 地位或威望區隔：即意見領袖，具舉足輕重影響力者。
- 權力者或決策者：具有政經勢力，對於議題有主導能力。

議題涉入程度：

- 全議題公眾對所有議題都常積極參與。
- 冷漠公眾對所有議題都抱持冷漠的公眾。

- 單一議題公眾對關係到某部分人的某單一議題特別積極的公眾。
- 熱力議題公眾對關係到所有人的議題非常積極的公眾。

利益關係人的關係建立

利益關係人：是指足以影響企業決策、政策制訂及運作的一群人，大眾瞭解與認同，提升整體組織正面形象。以下為與利害關係人的關係：

消費者關係。
社會、教育單位關係。
社區關係。
產業同業關係。
投資人關係又稱股東關係。
壓力團體關係。
意見領袖關係。
合作夥伴關係。
媒體關係。
員工與工會關係。
遊說與政府關係。

9.1.3 公關企畫過程

公共關係企畫的過程

環境監視計畫：

- 環境監視計畫，是為了測量組織的社會表現，以及社會所期望實踐的社會責任。監測包含審核活動、蒐集資料、測量計畫效

果等問題。

- 前瞻議題分析與可能觸發事件。

理解資訊以及確認特定問題和機會。

公關對象審核：

- 列出對組織最重要的內部與外部群組。
- 確認對象看待組織的態度。

媒體審核研究。

傳播審核步驟：

- 訪談主要管理部門以找出傳播問題。
- 所有組織的相關出版以及其他傳播工具進行內容分析。
- 對組織成員進行焦點團體調查以及深入訪談，以得知對傳播外顯的態度。並藉由資訊設計調查問卷。
- 展開問卷研究調查。
- 分析及報告結果。

擬定公共關係計畫：

- 市場與公眾關係計畫。
- 決定最有效的宣傳媒體。

9.1.4 議題與危機管理

議題的意義

　　所謂議題是社會大眾關心的事務，環境所面臨的問題或政治產生的因素，以及民生相關事件。議題設定是媒體不能告訴閱聽人想什麼

（內容），但能告訴閱聽人該如何想（意見）。媒體為閱聽人建構了一個認知環境，閱聽人能從媒介中獲知重要訊息，而且會依訊息內容賦予意義與重要性，也可以從媒體獲知公眾事件的發展。

運用議題的方式

● 分析媒體報導能力：公共關係是組織與外在環境的橋樑，公關人員有責任偵測與組織有互動關係的社會大眾，並瞭解所關切的議題對於組織的重要性。

● 瞭解溝通對象對於議題的意見與態度：公關人員應該掌握議題的主動權與發言權。

● 依照議題可能發展擬定行動策略：許多公共議題為媒體所建構，並牽涉到組織之利益，媒體與品牌的互動關係，就成為公關策略運用時的資源。

危機管理的原則

　　瞭解事實的真相，尋找正確的解決方式並迅速回應，才能使損失減到最低。危機發生企業形象必然受損，一定要真實地去接受面對並與媒體和消費者雙向互動溝通，才能重新獲得信心與肯定，化危機為轉機。

　　經營管理者對外時的心態，決定危機溝通的效果，公關發言人須與經營管理者保持密切的聯繫讓對外的口徑一致。平時就要具有危機管理的意識，培養公司內部應對的能力。公關部門不僅是發言的角色，同時必須具備聆聽外界批判並回饋公司做為檢討的功能。面對媒體說明前，必須進行模擬演練，不要對大眾媒體隱瞞或造假。

9.2

公共關係的種類

9.2.1 公共關係的工具

公共關係的工具種類

以媒體為主：

- 新聞稿：就企業或組織的相關事宜，主動撰寫新聞文稿並提供給媒體，以供其報導。

- 記者招待會：企業或組織主動邀請媒體記者，規劃以記者為對象的活動，運用話題設計活動內容，並宣布與企業或組織相關的重要新聞事件。

以組織為主：

- 主管與員工的對外活動：以個人、企業或組織的名義，主管或員工參與政黨、社會團體、工商組織、學術機構等的活動，或是受邀在外演講、參加座談會、接受傳播媒體的訪問。

- 受獎與榮譽：利用企業或組織本身與成員的受獎與接受榮譽的機會，獲得媒體的關注，提升組織的正面形象。

- 公司年度報告。

- 企業社會責任（CSR）報告。

- 公益基金勸募。

以消費者為主：

- 消費者免費專線：減少消費者的不滿及解決其抱怨，並提升消費者的滿意程度及回答消費者的問題，並提出解決方案來矯正缺失。
- 出版刊物：包括年度報告、週年刊物、宣傳冊子、通訊刊物或內部雜誌、錄影帶等，介紹公司的沿革、現況與前景，宣揚公司的願景、理念。
- 官方或社群網站。
- 會員關係活動。

9.2.2 公共報導與行銷公關

公共報導

　　透過大眾傳播媒體上的新聞報導，免費的對外進行溝通。廠商以非付費方式，透過傳播媒體，將訊息透過媒體傳達給閱聽眾，而達到行銷的效果。由於新聞媒體有一定的公信力，無論是正面或負面的報導，對企業形象都有不可忽視的影響。企業應該爭取正面公共報導，並慎重處理負面報導。公共報導的訊息設計應具有新聞性，並且是容易獲得大眾關心的議題。

公共報導的步驟

決定公共報導的目標

↓

選擇公共報導的訊息與媒體

↓

執行公共報導計畫

↓

評估公共報導的結果

行銷公關的概念

　　行銷公關是包含計畫、執行與評估在內的企畫步驟，目的在鼓勵購買和提高消費者的滿意度，經由大眾信賴的傳播管道，傳達符合消費者的需求、期望、關心與利益的訊息及印象，讓公關成為適當的說服性傳播工具。結合整合行銷傳播其他工具，行銷公關能夠結合大眾傳播媒體以及口碑傳播，滿足目標閱聽眾沒接收式的需求，以及品牌整合行銷傳播的目的。

　　行銷公關操作方式包含利用既有的事件，以及創造新話題，使公共關係成為說服性傳播工具。在行銷公關的運用技巧如下：

● 針對新聞媒體舉辦行銷活動並發布消息稿。

● 提供專家、學者或使用者的證言。

● 提供媒體關於產品、服務以及企業財務的數據。

公關議題行銷

議題行銷	將品牌與有意義的文化活動、運動賽事或是社會高度關切的事件結合,增加偏好企業商譽或品牌知名度達成行銷目的的行銷公關。
社會行銷	舉辦和品牌有密切關係的活動,或贊助協辦公益活動,並邀請特定的關鍵對象參加,建立良好的社會回饋形象。
理念行銷	企業或組織對於社會所表現出來的關懷,將消費者的購買行為和企業或組織的理念,經由支持與資助行為連結在一起。
環保行銷	針對消費者關懷環境議題的敏感度,從產品規劃、行銷活動到議題設計,增加對品牌的認同。

9.2.3 贊助行銷

贊助行銷的概念

贊助行銷為針對運動、藝術、娛樂或相關社交活動的公開贊助。贊助行銷的類型分為:

- 事件贊助行銷:贊助或參與具有新聞價值的事件或活動,以達到新聞報導的目的。事件或活動同時也加強其品牌的定位形象。透過對於議題、事件或活動的公開支持來直接或間接達成其行銷上的目的。

- 銷售贊助行銷:透過贊助來造成產品的直接銷售。

贊助行銷的目的

接觸特殊的目標市場	選擇特定的消費族群，將品牌與消費者感興趣的事件議題連結。
增加品牌知名度	贊助通常能提供品牌在活動進行期間的持續曝光，建立消費者對品牌的辨識與知曉，增加好感度及聲望。
創造與強化品牌聯想	贊助事件本身可幫助創造與強化消費者對品牌的聯想。
創造體驗與感受	贊助事件可以是事件行銷或體驗行銷的一部分。
傳遞品牌承諾	贊助商針對社會議題的推廣，使品牌和非營利組織及慈善的形象結合，強化品牌承諾的實踐。
達成整合行銷傳播策略目的	結合贊助事件與其他行銷傳播活動搭配，達到行銷計畫的目的與績效。

運動賽事行銷的概念

　　運動賽會行銷就是企業、組織或個人將運動賽事活動，做為贊助的標的並推廣運動的參與，進而能滿足贊助者與運動賽事雙方需求。運動賽事行銷目的在於：

● 增加大眾媒體曝光率。

● 知名廠商結合運動進行贊助。

● 增加收入來源：包含轉播權利金、收取門票、推展專屬周邊產品

● 爭取參與者的認同及增加。

● 說明賽事理念與企業或組織文化的結合，增加民眾對賽會與品牌認識與信心。

● 介紹賽事所贊助的公益活動，以及對公益活動的參與。

整合行銷傳播工具
—體驗行銷、事件行銷與會展行銷

10.1

體驗行銷

10.1.1 消費體驗的意義

讓消費者產生認同

　　品牌、企業與組織理念會讓消費者產生認同，消費者產生滿意的感動時，也會主動推薦影響其他消費者，產生更多忠誠的消費者。吸引顧客、留住顧客的體驗行銷設計，必須配合市場商機、適合消費者參與的方式，與消費者共創價值，當消費者有好的體驗樂於去消費，品牌就可以有回饋。當品牌能符合甚至超越消費者期望時，就會對品牌產生感動。

　　品牌本身如果讓消費者覺得喜愛，甚至從生活受到影響，這時品牌本身就是體驗行銷的一環。傳遞品牌價值的消費者，就是品牌迷。傳遞的體驗強弱，視感動的程度而定。品牌迷的影響，則視迷戀指數的高低與熱情程度。讓消費者感動，體驗行銷活動設計要有品質，重點在於品質與加入的元素，對消費者的價值才是影響關鍵，讓消費者被感動，這就是體驗行銷的核心觀念。難忘的體驗來自於明顯差異的體驗，體驗行銷則是消費者，發自內心的與人們分享自己的體驗。

10.1.2 體驗行銷的基本概念

體驗行銷的意義

　　消費者在情緒、身體、智力甚至精神上達到某一種程度時，在其意識中會產生感覺。將品牌的功能、特質轉化成消費者的接觸點，經由直接的觀察或參與，進而產生被記憶的品牌體驗。體驗行銷從產品功能到消費者體驗，情感、感官感覺、產品使用經驗（包括心理和實質）等刺激而回應接觸點所引發的事件。

　　瞭解消費者感興趣的體驗，是設計體驗行銷的重要考量。品牌希望經由體驗行銷達到誘導新消費者試用、購買與消費，原有消費者對品牌的形象的記憶與忠誠。經由行動與象徵性因素產生體驗的效果並創造連結。運用體驗行銷，品牌必須考慮如何與其他整合行銷傳播工具結合運用、品牌形象的提昇與到達程度、品牌延伸時原有的體驗是否能延續。

體驗行銷的特性

　　體驗必須聚焦在消費者身上，包含體驗的經歷遭遇或是生活環境。利用對消費者感官、思維、內心的刺激，將品牌與消費者的生活形態連結。不同生活形態的消費者對體驗與反應，有明顯的差異性。行銷人員必須檢視消費情境中可以達到體驗的元素，包含社會文化消費，整合體驗的元素設計行銷活動，達到綜效的產生。

　　體驗是生活的行為，對事物的觀察，利用體驗行銷手法可以建立品牌的認同度，讓消費者成為品牌的忠誠推廣者。體驗行銷必須結合企業內、外資源與創意的行動，將能使消費者感動的體驗傳達，把與體驗的概念加在消費行為與傳播溝通的過程，讓品牌的使用與溝通都

能達到消費體驗的理想經驗。

10.1.3 體驗行銷的架構

體驗行銷的架構與策略

　　體驗行銷是由策略體驗模式與體驗媒介結合，策略體驗模式是體驗行銷針對消費者設計行銷活動時的方向，體驗媒介則是達成消費者體驗的工具。利用策略體驗模式與體驗媒介，可以建構出體驗行銷的主要策略規劃，可以品牌的訴求與目標，以及整合行銷傳播的其他傳播工具結合來調整運用，達到整合體驗的效果。體驗行銷的策略考量包含：

- 對於結合整合行銷傳播的其他工具，例如將廣告的內容轉化成消費者參與，或是數位行銷活動的實體延伸，都使整體體驗的效果提升。

- 針對於體驗媒介所能提供的體驗，做事前的測試與評估，達成預計的效果與反應。

- 體驗媒介的運用及種類必須協調，統合體驗訊息的傳遞，達到體驗的效果。

- 除了強化和充實現有體驗行銷設計，可以結合新科技與議題，增加新的體驗方式，並且將各項體驗連結。

策略體驗行銷模式

　　體驗行銷透過感官（sense）、情感（feel）、思考（think）、行動（act）及關聯（relate）等要件擬定策略體驗模式。

● **感官行銷**

　　利用消費者的五感，包含視覺、聽覺、嗅覺、味覺、觸覺，來接觸產品、服務及體驗。讓消費者感受到愉悅、興奮、美感、滿足的知覺刺激，產生感官衝擊，創造知覺體驗的感覺。知覺是對這些感覺進行選擇、組織和解釋的過程。顏色能影響情感、嗅覺。氣味能激起情緒的起伏。聽覺影響感覺和行為。觸覺讓人感到興奮或放鬆。味覺產生對飲食的體驗。

● **情感行銷**

　　不同的情境會影響消費者產生不同的情感，提供獨特的情境，促使消費者對品牌產生情感，大部分自覺情感是在消費期間發生的。刺激可以引起消費情緒，並促使消費者主動參與，誘發消費者內在的感情與情緒。

● **思考行銷**

　　創意的方式使消費者創造認知與解決問題的體驗，利用創意，引發消費者思考並涉入參與。使消費者花時間精力以及創意去進行對品牌選擇與使用的評估。經由驚奇、引起興趣、挑起消費者做集中思考與分散思考，使顧客創造認知與解決問題的體驗。

● **行動行銷**

　　創造與消費者身體、較長期的行為模式或生活形態相關的體驗。經由增加身體體驗，設計創造與身體、較長期的行為模式與生活形態相關的消費者體驗，也包括與他人互動結果所發生的體驗。替代現有的行為模式或生活形態，產生品牌互動並豐富消費者的生活。訴諸身體的行動經驗，與生活形態的關聯。

● 關聯行銷

　　讓消費者與品牌中所象徵的社會文化有連結，超越個人人格、感情，強調個人體驗，並且讓個人與理想自我、他人，或是文化產生關聯。透過社群的觀點、宣示、昭告，對潛在的社群產生影響。主要訴求是為自我理想改進的個人渴望，使特定對象產生好感。和社會系統產生關聯，建立強而有力的品牌關係與品牌社群。

體驗媒介

　　體驗媒介是戰術執行組合。包括溝通、視覺口語的識別、產品呈現、共同建立品牌、空間環境、網站與電子媒體、人員。

溝通	溝通體驗媒介包括廣告、公共關係以及組織外部與內部溝通。
口語與視覺識別	識別體驗媒介包含了產品名稱、商標與標誌系統。
產品呈現	產品呈現體驗媒介包括產品設計、包裝以及品牌象徵物。
共同建立品牌	共同建立品牌的體驗媒介，包括事件行銷與贊助、同盟與合作、授權使用、產品在電影中露臉，以及合作活動案等形式。
空間環境	空間環境包括建築物、辦公室、工廠空間、零售與公共空間，以及商展攤位、主題商店的空間環境、家居商店的展示。
網站與電子媒體	線上銷售本身是顧客體驗的一部分，在有些產業中，電子媒體正在取代生活體驗與創造新體驗。
人員	乃是最有力的體驗媒介，包括了銷售人員、公司代表、客服人員，以及任何可以與公司或是品牌連結的人、品牌代言人亦為產品訴求的最佳說明

10.1.4 活動體驗模式

事件行銷體驗模式

　　目標受眾藉由直接參與體驗事件行銷，而與組織或品牌產生互動，而體驗的過程中，參與者與活動內的各種元素接觸，包含五感接觸、參與活動進行、觀看他人反應及與自身內心的認同反應。如何引發消費者參與事件行銷，以及其參與動機加以研究，消費者之所以參與事件行銷，是因為透過大量體驗的過程，依據四種要素包括了經驗導向、互動性、自我開創性以及戲劇化的安排。消費者與組織或品牌之間透過體驗產生連結，體驗活動的要素分別為體驗類型、體驗感受、體驗環境、體驗品質。

體驗活動溝通模式

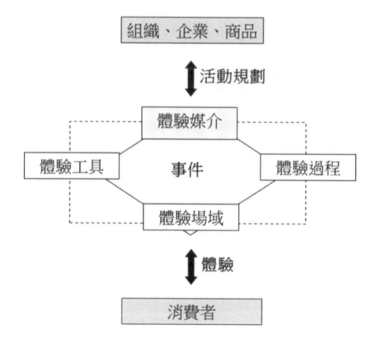

10.2

事件行銷

10.2.1 事件行銷的基本概念與定義

事件行銷的基本概念與定義

　　事件行銷理論源自公共關係的公關活動、特殊事件，以及整合行銷傳播的事件行銷。事件行將目標設定清楚，應用事件活動創造話題與消費者參與，直接與目標受眾接觸，同時兼具傳播工具與媒介的功能。事件行銷的操作必須將企業整體資源做戰略性、前瞻性的規劃，也必須充分掌握社會與市場議題的脈動，結合其他適當的媒介並建立關係。

　　事件行銷的定義為「品牌或組織針對目標受眾在特定時空、場域中，規劃特定議題並以活動方式呈現的媒體、公共關係及行銷工具，並亦為其他媒體之訊息來源」。事件行銷又稱為活動行銷，是整合本身的資源，透過具有企畫力和創意性的活動或事件，使成為大眾關心的話題或議題，藉此吸引媒體的報導與消費者的參與，進而達到提升企業形象，以及銷售商品的目的，事件行銷的對象，包含活動參與者、消費者、潛在消費者及其他目標受眾。

事件行銷的目的

　　事件行銷成為消費者生活中特殊時刻以及與本身較相關的時刻的一部分，事件的涉入能增廣並加深贊助商與他們目標市場的關係。參與體驗能讓目標對象能對品牌或產品加深印象以及產生情感。歸納目的如下：

1. 辨認特殊的目標市場或生活形態。

2. 增加公司或產品名稱的意識。

3. 創造或強化消費者對主要聯想的知覺。

10.2.2 事件行銷的類型

事件類型

　　事件行銷活動區分方式：

● 主要議題—不論任何舉辦事件行銷的組織或企業，都會因活動的主要議題，而產生活動的區辨及差異性。

● 行銷需求—不論任何舉辦事件行銷的組織或企業，都會因與目標受眾溝通的主要行銷需求，而產生活動的區辨及差異性。

　　事件行銷的活動類型包含：

政府組織型事件行銷	歷史紀念活動。
政治型事件行銷	選舉造勢、募款餐會。
企業、產業型 事件行銷	經銷商國外表揚、業績競賽、新產品上市發表會、員工認同活動、銷售會、企業週年慶。

觀光型事件行銷	音樂會、文藝展覽、美術展、文化藝術展
宗教、節慶型事件行銷	嘉年華會、宗教事件。
展覽型事件行銷	大型展場、展覽會、博覽會。
贊助型事件行銷	職業比賽、業餘競賽、晚會活動、奧林匹克運動贊助活動、各種球賽、馬拉松大賽、演唱會、歌星簽唱會、各式競賽活動。

10.2.3 事件行銷的運作模式

事件行銷運作模式

　　組織、企業及商品從公關與行銷的目的出發，規劃符合目標受眾的事件行銷，其中包含消費者、潛在客群及其他活動參與者。事件行銷具備媒體及行銷工具的功能，透過訊息的傳遞及活動的進行，將品牌/組織、目標受眾及其他媒體連結，建構三者互動的溝通模式。

　　事件行銷結合節慶、休憩及媒體等元素，將行銷與公關的目的，透過活動的方式來進行。可提供滿足生理需要、心理需要及認知需要，使消費者藉使用媒介來達成目的的滿足。

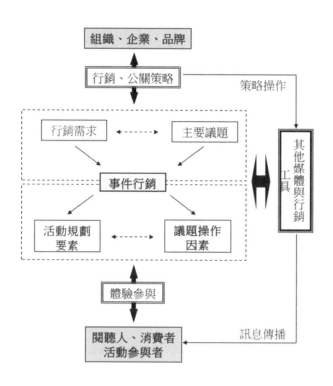

10.2.4 事件行銷的活動規劃要素

活動規劃因素

　　事件行銷的活動規劃要素，影響活動呈現出的面貌，更是整個活動在運作的每個環節，必須考慮的地方。成功的事件行銷包含製造的話題有創意和特色，並吸引媒體報導特點。事件行銷必須將活動規劃為公眾生活的一部分，讓事件成為媒體有興趣、且和消費者有切身關係的話題。活動的策劃與執行，目的是為了達成所希望的成效與意義，企畫前必須要瞭解對象的特色，設計適合的節目。場地規劃上，觀眾與演出者的進出動線在戶外活動需要有精密的設計及安排。最後是效益評估，經過檢討才避免錯誤的一再發生，也是重要的經驗累積。

活動策略有一定的管理程序，必須在活動的目的、願景、任務程序當中進行，瞭解活動現在所面臨的整體環境。行銷人員掌握策略選擇，並依選定策略後進行執行、評估、監測等機制。活動規劃的要素包含：學習環境的營造、設立規劃專案單位、活動構想、需求評估、分析情境、決定目標對象與設定目標、蒐集。事件行銷的特色包含：

● 管理與決策的過程：整體系統性的管理與決策歷程，目的在強調學習與行為改變的發生，提供滿足學習者需求的服務。

● 共同的活動規劃模式：活動規劃具有共同的形態，同時反應出方案規劃的核心概念：規劃、設計執行、評鑑。

● 合作與協商的歷程：相關人士之間互動、協調分工與小組討論的歷程是活動規劃重要的步驟。

影響活動內容設計的因素

活動內容的銜接度	替代方案、氣氛銜接、依照參與者特性設計、讓參與者有融入感覺、流程流暢。
設計活動主題	明確的主題、內容與活動目標相符合、內容有具體的教條、動線設計、休息時的安排。
創新的活動內容	內容創新、經過包裝令人印象深刻、根據狀況做調整。
活動時間安排	日期的合宜性即時間長短。

事件行銷達到成功的重點

● 活動主題要符合社會趨勢：透過議題的推行將行銷活動結合在一起，必須觀察外在環境的趨勢，使議題設定符合目標對象的興趣。

● 活動主題必須具有話題性：具有話題性的事件與創新具有新聞價值的議題，能夠引起媒體的注意，而延續曝光的效應。

● 結合重要相關人物參與：參與人物本身對目標對象的知名度與偏好度，能夠引起關注的效果。

● 由專業操作與整合：必須由專業人員來統籌企畫執行，達到專業分工並按照企畫流程進行，避免突發意外失控的可能。

活動規劃要素三階段

活動前置規劃

主題建構
媒體策略
關鍵人物
組織合作
時間時機
教育訓練
活動目的
廣宣操作
目標對象
專業分工
經費預算

活動執行作業

活動內容
設備器材
場地情境
風險危機管理

活動後續運作

達成成效
活動效應延續
修正改進

10.2.5 事件行銷的議題操作因素

事件行銷的議題操作

　　事件行銷的議題操作，影響媒體是否對此議題有興趣，並願意將其當成消息來源，做為新聞的一部分。而目標受眾對此議題是否有興趣，以及是否能從其他媒體得知活動訊息，則視事件行銷的媒體效果來決定。製造的話題必須考慮具有足夠的話題力、創意和特色，能吸引媒體報導特點，且對目標對象有賣點。事件行銷議題著重在活動前端的宣傳，以及活動的新聞報導。事件行銷議題操作依活動、目標受眾及媒體三種考量層面，每個層面均有其操作因素考量層面：

活動層面	● 創意特色 ● 故事性
目標受眾層面	● 分眾溝通 ● 吸引力
媒體層面	● 訊息提供 ● 媒體結盟

事件行銷面向

　　話題性與新聞性，可藉廣告與媒體報導的力量達到宣傳與曝光的效果，進而吸引民眾。尋找或創造對品牌有利的新聞，有些新聞題材是自然發生的，但也可以利用事件或活動來創造新聞題材。為了有效利用新聞這項工具，除了要瞭解新聞的處理作業，也要和傳播媒體人員維持良好的關係，取得媒體的合作。事件行銷的模式為消費者、企業、媒體之關係，消費者經由參與品牌舉辦的活動或提供的事件訴求，獲得有形商品的訊息或購買，以及無形事件意識的滿足。

行銷傳播活動是提升品牌利益或形象的延展工具，事件行銷具有新聞性和話題性，容易獲得媒體青睞，以付費或不付費方式（多不付費）加以報導。媒體負起提供消息與告知的責任，讓消費者得以觀察、瞭解並掌握趨勢和動脈。促使媒體報導事件行銷新聞，關鍵在於新聞的價值。創造新聞事件必須具備三個條件：具有新聞價值、符合機構利益、符合群眾利益。

新聞媒體面向

具新聞價值之事件應具有以下特質：即時性、衝突性、顯著性、趣味性與影響性。透過戲劇性的譬喻與照片，事件中的視覺部分得以傳遞給讀者。事件中的情節、內容、地點、人物或甚至道具，都有可能為新聞報導納入，用以說服閱聽大眾新聞內容即是事實。營造一起事件新聞的情境內容，包括要素如下：

● 情節：有明確的訴求主題，藉著設計形象、標語，把訴求傳達給媒體。依據訴求主題安排地點、對象、道具、活動內容。

● 內容：安排的內容包含故事性、震撼性、關於社會事件或知名的公眾人物的、幽默的、動態的、具影響力、具有時效性的題材。

● 地點：活動地點必須能夠襯托出所欲傳遞的訊息，同時要衡量地點的方便性，該地點是否經常舉辦活動，室外活動的話有無備用場地，是否需要申請許可證。

● 人物：善用知名人士參與或為活動背書有助於造勢，或者是具有爭議性的話題人物，以及特殊造型出現的人物等等。

● 道具：可以凸顯具有代表性的象徵，或運用道具達到新聞效果。選擇與訴求相關的背景，並且把訴求的訊息呈現出來的物品、實體或複製品。

10.3

展覽行銷

10.3.1 展覽行銷基本概念

展覽行銷基本概念

　　展覽是陳列物品的方式，將具有商業或藝術價值物品對目標參觀者（潛在的顧客、提供者、其他產業夥伴）做展示或示範，可以是固定性的或是臨時性的活動。展覽行銷的價值在於消費者群聚的集會學習，在品牌溝通的運用可節省時間和成本、溝通的便利和資料的分享、系統和流程的建立，減少的重覆作業程序和增加的作業效率。

　　展覽行銷將企業與組織和城市結合，造就地區的經濟效益，帶動經濟繁榮與國際化，導引與帶動周邊經濟發展之重要特質。

　　展覽行銷對於展覽的成功有關鍵性的影響，應該瞭解品牌自身需求開始。事先通知展覽的日期和地點，以及關於展覽的內容和特殊活動的資訊，並結合其他整合行銷傳播工具運用。在辦展單位有計畫策略中，公關、行銷、販賣，以及參展單位和消費者交流為主要目的，讓參展者與參觀者於現場完成確認產品或服務、溝通及採購。區分為年度參展策略與個別展覽策略：

● 年度參展策略：擬定年度參展策略與希望達成目標。

● 個別展覽策略：針對單一展覽來訂定策略與須達成之目標。

展覽參觀者類型

消費者。
尋求問題解決者。
交誼者。
潛在消費者。
資訊收集者。
路過者。

10.3.2 展覽行銷的特性

企業可藉由展覽產生之利基

● 新產品、新技術或服務發表。

● 塑造企業形象與擴展企業知名度。

● 提升（維持）企業產品的市場佔有率。

● 產品促銷的媒介。

● 開發新市場與目標客戶。

● 提升產品品牌知名度。

● 調查研究產業或產品發展趨勢並蒐集資訊。

● 觀察與分析競爭者之經營策略。

● 與舊有客戶聯誼加強關係。

● 與媒體、重要相關組織或政府單位建立關係。

展覽行銷的需求與成本

需求：

- 硬體設施：展覽、展覽或活動場地、電腦、網路、視訊視覺、展覽會場裝潢設計、視聽活動硬體及音響、燈光特效等工程、同步翻譯。
- 軟體部分：展覽籌辦與管理、公關行銷、活動企畫、廣告媒體、平面設計及印刷、觀光旅遊、餐飲及住宿、保險、交通運輸。

參展成本：

- 主要成本：展覽攤位費用、攤位裝潢費用及展品運輸費用。
- 附屬成本：展覽文宣品與廣宣、人員交通、住宿、餐飲、禮品、旅遊及購物支出。

10.3.3 展覽行銷與管理

展覽行銷的管理

　　展覽中接待消費者溝通並達成交易與合作，是展覽行銷的目的。展覽行銷的花費必須有相當的預算與適合的人員執行正確的策略。主辦單位與參展者必須在展前評估在參加展覽時所能得到的效益及其所需負擔的成本。主辦單位與參展者於展前應讓消費者知曉展覽的主題與重點，並降低其搜尋成本，達到展覽行銷的效益與優勢。

　　主辦單位與參展品牌須以有形與無形價值的方法吸引買主持續到展場或攤位來洽談。參展品牌尋求並參與主辦單位所辦的展會、展示其產品或服務，並在過程中刺激消費者需求、發掘潛在消費者、強化顧客關係，以及創造企業經營績效、塑造企業形象。

展覽行銷管理流程

展前評估作業	挑選合適的展覽參加、評估展覽主辦單位之經驗與能力、合作參展的可能性與估算相關參展費用。
展前作業	明確的參展目的與目標，使品牌於展前選取合適的展覽產品、文宣與活動規劃。
開展作業	對參展人員的實地訓練、操作示範與話術教學訓練。參展人員須提前到達展場，確認實際攤位會影響參觀者的觀感要素。
展中作業	必確認所有參展人員瞭解，展覽對企業或組織的目的與目標並凝結共識。展覽開始時，可再次確認特殊訪客的來訪時間，其他包括顧客資料蒐集、報價與合約交易等。
退展作業	結束後進行展品收拾打包作業，通知運輸公司載送、報關等。
展畢作業	確實掌握獲得顧客的績效，後續評估與追蹤，包含顧客資料整理、聯繫、追蹤、訂單確立與顧客關係管理。
展後綜效評估	針對展覽的績效進行評估，針對是否達到預訂的參展目標做檢討，並根據參展結果做出下次參展的決策。綜效評估包含投入的整合性資源所取得的成果，可分為銷售目的與非銷售目的。
年度展覽活動綜效評估	透過綜合評估比較出參展績效的真正貢獻，於展後進行參展績效的綜合評比。與上次展覽進行比較分析，找出發生差異之原因，並提出相關的改善方案。

11

整合行銷傳播工具
一促銷、直效行銷與人員銷售

11.1

促銷

11.1.1 促銷活動的基本概念

促銷的基本概念

　　當品牌在市場上與消費者溝通時，必須仰賴各種不同的傳播工具。當品牌的功能與競爭者相近，彼此之間競爭的結果對消費者來說，折扣產品是最直接的誘因，消費者也期待從促銷活動中，得到額外的回饋補償。過去促銷代表價格的降低與品牌價值的折損，但在整合行銷傳播的整體策略與規劃中，控制促銷的方式與效益的評估，就能成為有用而且能幫助業績提升的行銷方式。

　　促銷屬於短期的激勵措施，提供消費者購買的額外誘因形態，也可以使銷售過程和銷售量更快達到目標，必須考慮對象、方法、誘因（贈品等）和傳播途徑（媒體）等各方面因素。促銷活動的設計包含價格、商品與服務的設計，確認消費者的需求規劃合適的誘因，運用促銷可以短時間增加市場銷量。透過提供短期的誘因，來增進消費者或通路合作對象增加購買意願。過度的利用促銷卻有可能降低消費者忠誠度，使消費者具有優惠傾向，沒有優惠就不願意掏錢購物。

促銷的目的

對消費者層面

- 增加消費者對於新產品的試用率。
- 創造新使用者的使用機會。
- 提前導引之週期性的購買。
- 增強消費者的購買涉入。
- 強化消費者的重複購買習慣。
- 縮短消費者對於產品之購買時間間隔。

對企業者層面

- 提升短期銷售業績。
- 誘使經銷商的進貨額提升並獲得更多展售空間。
- 對抗競爭者的促銷活動並降低影響。
- 減少庫存與屆期品的壓力。
- 輔助人員銷售的達成。

11.1.2 促銷的特性

促銷的特性

- 立即反應：刺激消費者或中間商提前出現預期的消費反應。
- 活動短期：在刺激消費者加速購買決策，又要避免造成消費者預期心理，通常不會過於頻繁或長期。
- 額外附加價值：帶給消費者或中間商額外的利益。
- 彈性調整：可視需要與能力執行不同的促銷活動。

促銷活動的設計

固定比率強化	為「按件計酬」式，即消費者累積固定的件數，才給強化物。
不固定比率強化	受試者總是等待強化物（贈品或促銷活動）的出現，才做反應消費，而一直維持相當高的期待水準。
定時強化	受試者每隔一固定時間就會獲得強化物（折扣、酬勞），因此在這時距前後受試者表現特別賣力，消費者情緒較高昂。
不定時強化	不依固定時距給強化物，其出現的快慢完全依受試者努力多寡，即欲較快獲得強化物必須加緊下工夫。

11.1.3 促銷活動的類型

促銷對象的分類

● 消費者促銷：針對最終的消費者市場所進行的促銷活動，由製造商或零售商來執行，目的是刺激消費者盡快購買，或買得更多、更頻繁，均是消費者促銷。增加短期的銷貨或是協助建立長期的市場佔有率。

● 交易促銷：直接以行銷通路的成員（批發商及零售商）做為促銷的對象，製造商為了促使中間商合作，所推出的獎勵活動。

● 通路促銷：使零售商經銷更多商品，並持有更多存貨、替產品廣告、提供更多的貨架空間。

● 銷售人員的促銷：對現有或新產品的推銷更努力或尋找新客戶。

促銷活動的類型

提升消費者涉入

會員卡友促銷
結合節慶
限時搶購
滿額贈送
時間別促銷
現場試用體驗
來店禮
生日賀禮
集點優惠
實地表演
表演和展示

降低購買成本

價格折扣回饋、折價券
集點優惠或兌換
價格促銷
印花與優惠券
降價

提升產品利益

競賽與抽獎
贈品
折現或折抵消費
試用品
加量不加價（包裝）

中間商層面的銷售促進

價格折扣
上架費
廣告折讓
存貨融資

11.2

人員銷售

11.2.1 人員銷售的基本概念

人員銷售的基本概念

　　人員銷售是傳統行銷最常使用的方式，受過完整教育訓練銷售人員專家，能為品牌的溝通達到效益，並維繫的長期顧客關係。人員銷售創造從人際關係建立的銷售行為，傾聽消費者的心聲、評估需求，結合組織或企業的資源解決顧客問題。

　　銷售人員必須主動瞭解消費者的需求與問題，規劃提供合適的商品與服務，以符合不同消費者的需求。人員銷售必須有企業或組織、通路相關組織協助支持，才能有效達成人員銷售。通常人員銷售中的主要溝通者是銷售業務人員，另外後勤的支援性業務人員，負責協助相關的文書作業，並協助與整合行銷人員協調溝通。

人員銷售過程的步驟

開發潛在顧客與篩選

↓

事前準備

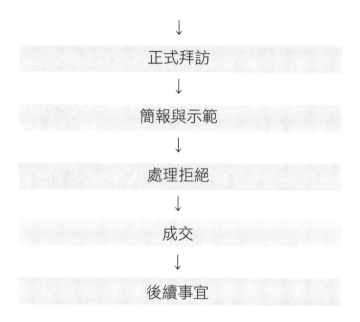

$\downarrow$

正式拜訪

$\downarrow$

簡報與示範

$\downarrow$

處理拒絕

$\downarrow$

成交

$\downarrow$

後續事宜

人員銷售的任務

開發
溝通
服務
分配
鎖定目標
銷售
蒐集資訊

11.2.2 人員銷售的原則

有效銷售的要點

開發與審核
接近
克服障礙

| 後續工作與維持 |
| 行銷規劃 |
| 呈現與展示 |
| 完成交易 |

個人化服務的原則

- 與每位顧客發展個人化關係。

- 讓顧客自動提供私密的個人資料並隨時更新。

- 以顧客的個人資料為基礎,提供量身訂做的資訊。

- 依據顧客的需要,提供適當的服務與資訊。

- 讓顧客自行檢視過去的交易紀錄。

11.2.3 銷售團隊的建立與管理

設計銷售團隊的考量層面

- 銷售團隊的目標
- 銷售團隊的策略
- 銷售團隊的結構
- 銷售團隊的報酬

管理銷售團隊

- 招募與篩選銷售代表
- 訓練銷售代表
- 監督銷售代表
- 激勵銷售代表

● 評估銷售代表

銷售團隊報酬構成要素

有形	固定底薪 業績獎金 補助費用 利益
無形	最高評價的回饋 升等 個人成長 成就感 尊敬 安全感 認同感

顧客關係行銷

11.3.1 關係行銷

關係行銷的基本概念

　　與消費者建立良好的關係，是維持顧客基礎的關鍵，為了建立、發展和維持成功的關係，所投入的所有相關活動。關係行銷是品牌與顧客發展出持續且長期的關係，品牌瞭解消費者的價值，並吸引、維持及強化與顧客間的關係，以創造利潤。關係行銷也包含企業與供應商、配銷商等建立長期滿意的關係，維持雙方的合作與業務往來，同時產生雙贏的局面。

　　成功的關鍵就在於品牌與消費者之間建立的關係，決定因素在於消費者主觀的認知服務品質。維持顧客的最好方法就是認識已存在的顧客，經由相互的溝通過程，瞭解個別的需求，並回應與滿足的需求與期望，將長期價值傳送給顧客，而成功的指標是長期的顧客滿意度與顧客忠誠度。

關係行銷的效益

　　關係行銷利基於現有的顧客設品牌長通，顧客獲利率會隨原有顧

客保留在此的長度而增加。可以利用忠誠消費者進行新產品的試銷，建立顧客資料庫支援行銷活動，增加品牌延伸交叉銷售的機會與塑造企業競爭優勢。

11.3.2 顧客關係管理

顧客關係管理的基本概念

　　資料庫軟體建立所有與顧客有關的資訊，尋求改善顧客關係管理中的銷售與服務時，顧客關係管理透過系統化的機制，有效整合與顧客接觸的所有人員、流程以及管理。顧客關係管理可以降低離客率、增加留客率，贏得更多的顧客購買率，與顧客建立更穩固的關係。

　　為提高顧客留住率所需的投資，可以透過事先預估，對每個客群進行評估管理，以達到最佳獲利率，增加投資以贏取新顧客與最佳時機。顧客關係管理的效益評估包含考量行銷投資的潛在報酬率，找出各個行銷傳播工具間的綜效、重疊和彼此干擾的關係，並為消費者設定總投資上限，替行銷策略和投資排定優先順序，則將消費者放在最適當路徑，獲取較佳的投資利潤。

企業對顧客關係的管理

● 目標對象。

● 傳播接觸的管道。

● 溝通方式。

● 資料庫運用與資料分析。

● 顧客經驗的蓄積。

● 配合消費者調整行銷工具。

將顧客關係分為五階段

培養	在潛在消費者中建立意識與正向認知。
留住既有消費者	讓目前的顧客跟自己做最多生意，並建立忠誠度。
開發	讓消費者再度購買，並提高消費者佔有率。
成長	提高每位消費者的總花費。
贏取新消費者	和新消費者成交生意。

顧客滿意的意義

顧客滿意是指組織為了使顧客能完全滿意自己的產品或服務，綜合而客觀地測定顧客的滿意程度，並根據調查分析結果，整個組織一體來改善產品、服務及組織文化的一種經營戰略，它要建立的是顧客至上服務，使顧客感到百分之百滿意從而效益倍增的革命系統。

11.3.3 資料庫行銷

資料庫行銷的基本概念

互動式整合計畫要有資料庫的資料做依據，才能發展較為精準的互動式的行銷模式，對消費者購買行為產生影響，藉以獲得可以評量的反應或交易，將活動所獲得的資訊存放於資料庫中，以便日後應用於行銷活動。目的則是去開發、培養與維持長期具獲利性的消費者關係。資料庫行銷是資訊導向的行銷模式，藉由對顧客或潛在消費者的回應資料收集以及資料庫的運用。

　　行銷的過程將消費者的回應與交易狀況記錄下來，並使用資料去支援在分析目標市場、執行與控制行銷活動時所需要的決策。在發展過程中，透過資料庫資料蒐集或歸納技術的應用，品牌能瞭解消費者的需求，並運用合適的行銷溝通工具來互動。消費大眾的基本資料作為基礎加以運用，透過各式各樣的行銷傳播方法，直接提供消費者商品資訊，從消費者獲得銷售行為的完成。行銷在人員採取其一或集合體來構成訊息傳遞與顧客回應的管道。

資料庫行銷的重要考量

● 建立資料庫系統。

● 正確的數字分析。

● 適當的資訊運用規劃。

● 以資料庫為基礎的溝通。

● 運用創意使用分析的結果與元素。

● 選擇正確而有效的溝通媒體。

● 有效的售前售後的服務與管理。

● 永不止息的循環過程。

整合行銷傳播工具

一數位行銷

12.1

數位行銷

12.1.1 數位行銷的基本概念

數位科技的運用

　　網路科技與電子商務蓬勃發展，成為整合行銷傳播更加蓬勃的原因。數位科技發展並擴散到行銷傳播的每個層面，靠電腦科技拉近與顧客的距離。使組織得以破天荒地得知，自家產品的大眾市場到底是由哪些類型的顧客組成，還可知道顧客的購買動機。

　　消費者在接觸品牌或傳播媒體時，除了個人的需求之外，能具備的社交功能與價值也是考量。從實體到虛擬的溝通，都影響了消費者的選擇意願，較便利的溝通模式與較低的時間成本，自然能創造品牌傳播的優勢，但唯有引發消費者的討論熱情，甚至凝聚社群的互動，更能將品牌與消費者緊密結合。

數位行銷與趨勢

　　人們使用數位科技的需求不斷成長，倚賴網路所帶來的便利性，對接收資訊的數量與來源需求持續提升。虛擬社群建立了新的社交圈，也造成了另一種網路身分的與社交空間。數位的消費模式不但是

趨勢，更是未來市場發展與個人身分的延伸。社會網路上的連結使消費者更在乎品牌所提供的資訊，以及網路環境對品牌的評價。對於品牌來說，數位環境也是身分的延伸、對話與服務管道以及傳播工具運用的場所。

數位行銷是由傳播媒體包含電腦、智慧型手機、筆記與平板電腦，以及數位技術的運用結合而發展的行銷工具。數位行銷的效益與價值，隨著使用者的數目與所使用的平台連結有正向的關係。品牌與平台間的策略聯盟與合作，使消費者的目光與接觸品牌資訊的機會提升。數位行銷需要運用創造力來規劃內容與方式，主動瞭解消費者在網路上對品牌的認知與習慣。

12.1.2 數位行銷的特性

創意與傳播擴散的連結

數位平台使發布影片或訊息的容易度大幅提升，使過去廣告成本中媒體購買、公共關係的媒體發布與關係，在數位世界中大幅降低而效益卻提升。能夠產生議題的內容在像是YouTube的平台上傳、轉載，透過部落格、Facebook的討論更使傳播速度迅速即時，甚至當議題成為社會關注的焦點，電視新聞的報導與專題，都將擴散的深度與廣度達到更佳的效益。

創意的發想與產生，因為數位世界的特性，不只是行銷人員與協力廠商的主觀認知，消費者感興趣的事件、出其不意的驚喜，和自身連結相關的話題都更可能成為數位行銷規劃的重要內容。數位行銷在規劃時必須考慮主導者與參與者間的關聯，參與者所創造的價值，甚

至在不同的硬體平台使用考量下，參與者的使用便利性與擴散的連結都是達成效益的考量因素。

數位行銷的特色

● 對品牌而言：

利用數位科技做為平台
軟體與硬體間的相互合作
帶動新的銷售機會
運用數位資訊建立內容
品牌必須快速的反應

● 對使用者而言：

使用者之間的體驗分享
消費者決策會受到社群的影響
分享和參與的速度提升
結合群眾智慧

數位行銷企畫步驟

- ● 目標消費者分析
- ● 創意概念發展
- ● 數位平台組合與規劃
- ● 訊息傳播計畫
- ● 數位內容規劃
- ● 消費者參與方式
- ● 效益分析評估
- ● 即時性調整修正方案

12.1.3 消費者參與

消費者參與

　　消費者可以創造內容，任何人都可以連上YouTube上傳影片，透過網路自由流通延伸。讓消費者一起替品牌創造內容，開放消費者所創造的內容，讓消費者透過競爭來增加意願與參與程度。在數位環境中的網站，數位行銷可以將消費者創造內容延續到品牌、消費者社群和其他消費者網站中。監測消費者創造內容，運用並回答消費者的意見，品牌必須注意討論的內容以及友善程度。

　　消費者在數位環境中擁有主導權，數位行銷必須讓消費者感到真誠與能提升顧客經驗。個人傳播設備的延伸，使消費者有能力取得更廣泛的內容，並創造個人的消費方式。消費者決定使用的數位內容，以及數位的身分建立，當數位行銷結合消費者感興趣的豐富資料與個人化設定，會創造出更多消費者喜愛、有效率的購物經驗。

消費者與品牌互動性增加

　　消費者透過數位環境搜尋資訊與消費，能快速的獲得所需要資訊，改變工作、學習與生活方式，因此規劃數位行銷必須具有多元性與即時性的特質。數位行銷的高度互動性，可以增加消費者的參與，也讓品牌藉此收集消費者的資訊。數位行銷必須以消費者需求為中心規劃活動與訊息，才能在數位行銷中獲得消費者的認同。數位行銷的三個面向：資料、分析、優化是所有步驟的基石。優化是著眼於如何幫助吸引目標的客群，而衡量及優化的流程是評估數位行銷的效益指標。

　　數位行銷讓品牌與消費者有更多的接觸機會，有助於品牌知名度

及形象的建立，也便於消費者推薦喜歡的品牌與行銷活動給社群同伴，做購買決策。運用數位行銷達成品牌與消費者的溝通，發展合適的議題創造人氣，產生討論的熱潮，也讓使用者能達成需求的滿足、主動的資訊分享、產生社群的社會互動網絡議題。數位的工具也整合客戶關係的資訊管理，運用客制化達到精準的資訊提供，刺激消費的可能性。數位行銷成功的因素包含：

● 創意與效率。

● 明確且正確的行銷定位。

● 友善且容易使用的介面。

● 品質與專業性。

12.1.4 數位行銷的互動性

數位行銷的互動概念

　　網路造成行銷人員與消費者的接觸方式增加，也必須隨消費者所關注的接觸點來規劃數位的行銷工具。在虛擬空間與消費者接觸，官方網站的建立、社群網頁的運用、數位行銷活動的規劃，甚至虛擬與實體的結合都是數位行銷規劃的考量。數位行銷較其他實體行銷活動的成本支出較低，並且即時且易於更新，能提供給消費者的訊息較為詳細，也比較容易客製的使消費者參與行銷活動。

　　數位行銷的另一項特質就是消費者對品牌，或消費者間的互動行大幅提升。實體行銷的行銷訊息是由品牌主導且單向性，但是在數位行銷的傳播媒介與平台，消費者可以發表意見、主動分享或反應，甚至當負面的反應產生時，擴散的情況迅速且不易控制。

互動工具與平台

　　消費者對於感興趣的內容，與分享的歷程會希望保留。數位行銷的互動功能提供消費者，與訊息內容直接與即時溝通的方式。運用互動工具與平台使消費者可以在使用的過程，留下使用過的內容脈絡，不必擔心資訊無法再次使用。結合現有互動功能的平台，可使提供內容訊息的品牌達成相似的互動行銷目的。即時性的品牌體驗與行銷通路延伸，也可以經由互動行銷的工具達到消費者使用的效益。

　　對品牌來說瞭解消費者的數位內容使用，以及與其他消費者或品牌間的互動脈絡，是建立互動行銷的知識基礎。互動行銷也希望消費者能將自身的或分享的體驗反應，轉化成品牌供延伸資訊的參考依據。提供消費者資訊檢索有助於再次使用互動行銷時，設計推薦的內容以引導消費者在接收行銷訊息的可能性。消費者對品牌與互動行銷工具的使用反應，也是互動行銷效益評估的指標，可供行銷人員與協力廠商修正互動行銷的內容與操作方式。

12.2

數位行銷工具

12.2.1 社群行銷

媒體的延伸

　　網路社群是人際關係的延伸，也是溝通的平台。部落格、Facebook、Twitter以及其他專業的社群論壇，都增加了雙向溝通的可能與回應的即時性。品牌與組織擁有自己的媒體平台，塑造形象、觀點、業務溝通及消費族群的群聚場所。擁有眾多熱門部落格的入口網站和像是Facebook可以成立粉絲團的平台，所產生的群聚影響力是獨立的官方網站上千倍以上的擴散效益。

　　個人建立的部落格和Facebook網頁，也成為了延伸資訊傳播的平台。社交行銷的關鍵在於網友的傳播達成的效益，人們參與社群的原因包含興趣的延伸、關係的建立、幻想的滿足和資源交換的機會。擁有個人平台都有可能成為社群領袖，或擴散訊息的中心。有相近興趣或關聯的網路成員，將訊息貼在品牌、組織和社群領袖的網頁，改變品牌擁有者與忠誠消費者者之間的傳播結構，以及與互動群眾的連結方式。

散播資訊的方便

　　社群成員的產生連結是有因素的，包含同質性和興趣導向。許多品牌支持者運用社群成為直接溝通的工具，社群互動可達成品牌的訊息傳播與消費關鍵。訊息發布的回應性，可以利用迴響來評估。迴響代表發表者投入相當的努力引人注目，利用在某一領域的優勢，做為在另一領域的助力。

　　社交網路透過數位傳播媒體而增加連結的即時性與便利性，Facebook、Twitter和其他類似平台，不只可以分享深度的內容，平凡的生活訊息也有被分享的機會。這些訊息會引起社群成員的興趣與親切感，有助於製造分享的感覺，幫助社群成員增加存在感。

社群領袖的特質

　　社群人脈的塑造與被關注的能力有關，合適的議題與資訊能提升被關注的機會，並產生持續的關係連結。社群領袖會與喜歡自己所建立網路的個體互動，也知道如何主動接觸對方，甚至會設法將團體中的不同個體彼此聯繫。社群領袖會運用分享資訊、傳遞理念、幫助或建議解決成員的需求，來建立網路社群關係，進而產生實體的社群利益。

　　社群領袖與志同道合者建立關係，也會透露私人資訊，喜歡從人性層面主動接觸人，透過主動接觸人群，利用網路上的開放式互動功能發出回應，建立雙向關係和對話。對長期名聲和品牌而言，分享有用資訊的效果影響銷售，會比強勢推銷要有效得多。社群領袖不只是私人的信任。量身打造代表專業，訴諸文字表示其他人也會看到與認識，建立可靠度與信任。

創造朋友的商業價值

　　數位環境讓社交行為產生變化，網路所提供管道，讓擁有相同特質的人跨過實體的限制而產生互動。網路社群的好友可能是在數位世界中認識，也可能現實中早已建立關係。跟網路上建立良好關係的好友，進一步建立實體的關係，有可能得到特殊的人際互動，而品牌也可針對這樣的互動設計行銷活動，凝聚品牌的消費人氣與忠誠度建立。

12.2.2 關鍵行銷

影響力行銷

　　具有影響力的傳播中心，包含與很多人連結的意見領袖以及會散播訊息出去的人脈中心。藉著隨時保持連結，並以獨特方式和多層集合的朋友建立良好關係。網路上的人脈聚集會形成社群成員關注的焦點，集結認識的人並透過傳播的資訊達成連結，可以聯想得外在地位的效應，以及和可能因彼此關係而獲益的人產生持續的互動。

　　人脈中心的經營就是人際關係，運用其人際關係達到影響力的行銷，讓社群成員彼此合作、連結、建立關係，不以立即性好處或酬勞做為效益的評估。多點觸控是很重要的，在部落格或社群中發表網誌或迴響，透過主動接觸和維持良好關係，影響力會持續擴散，預期的行銷效果也會被持續保留延續。

人脈資料庫

　　建立人脈資料庫是關鍵行銷的重要資產，通常資料庫仍在人脈中

心所掌控，但品牌可以間接結合其他整合行銷活動，如體驗行銷或會員加入誘因，轉化成品牌的行銷資產。

　　建立名聲與權威性是人脈資料庫的保存關鍵，社群成員信任並願意接受人脈中心的訊息。不只要建立聆聽的互動方式，提供的資訊必須是成員有興趣、需要，甚至對成員有價值。受人信任的權威性會讓社群成員瞭解資訊提供來源，才能決定是否重視接收到的訊息。

12.2.3 口碑行銷

口碑傳播

　　口碑由個人傳遞給個人的產品資訊，遠比廣告更具有威力。當消費者不熟悉某類產品時，口碑作用尤其顯著，許多因素會引發與商品相關的討論。一個人可能與某類產品或活動關係密切，很感興趣，一個人可能具備對某種商品的豐富知識，一個人可能會出自對他人的關心而開啟這樣的討論。

　　傳統口碑行銷是從一個人傳到另一個人，散播緩慢，但若口碑來源是媒體製作人或名人，則能運用他們的名氣將口碑從一個人散播至很多人。透過數位管道，消費者擁有了一個可以廣泛接觸人群的平台，每一位使用者的聲音在網路上都有可能被擴大、傳播出去。

人際影響力

　　相對於商業行銷推廣活動與廣告，人際口碑傳播對消費者購買決策的影響力更甚，消費者視口碑為可靠、值得信賴的資訊，有助於達成較佳的購買決策。相較於大眾媒體，人際親身接觸可以提供較佳的

社會支持，並為採購決定的推薦，人際溝通的資訊背後常附帶有社會團體的壓力。消費者可能運用各種社交工具，可以從遠距確認人際互動的狀態。

　　包含Facebook的留言、部落格訊息，以及儲存線上互動歷程資訊的地方，都能決定互動的時間與強度。大部分實體世界認識的朋友，反而經由網路的互動更加認識瞭解，甚至連特定社群的人際網絡，比實體更廣也更有價值。透過留言、交談與互動，加深對社群成員的瞭解，即使只是部分的真實自我。在網路空間，多數人對於訊息都是位於潛在的觀看者，在閱讀資訊時不發表迴響與數位足跡，直到與自身產生相關聯或具有價值的時候，才有被辨識的可能。

12.2.4 虛實整合

虛擬真實

　　當消費者使用較長時間在虛擬世界，會希望想將數位世界中的存在與現實生活整合，讓現實和虛擬世界融合。環境中的主要元素包括人際互動、興趣娛樂，甚至品牌使用。行銷人員在數位環境中建立影響力及曝光度，進而造成實體的行銷手法在數位環境中複製。數位的品牌上市活動、數位活動代言甚至數位促銷活動，都成為整合行銷傳播計畫虛實整合的方式。虛擬與真實世界的連結，品牌將實體行銷方式運用於虛擬世界中產生話題延續性，不同的平台與內容相結盟或互動，使具有高度連貫性的數位行銷計畫更為重要。

　　品牌創造虛擬代言人，建立數位延伸品牌，即可將數位的價值延伸到各數位與實體環境，做為品牌推廣與活動元素。具有價值的品牌

甚至將原來的實體品牌透過置入，變成虛擬商品銷售給消費者。數位戶外看板更接近消費者的生活環境，運用視訊來連結品牌與消費者深度會面，將3D的科技加入產品與服務展示讓觀看者體驗，這些具有創意和科技運用的行銷活動能夠強化傳播效益，將數位科技、虛擬空間與實體環境結合，增加消費者的深度體驗。

13

整合行銷傳播溝通模式

13.1

傳播的基本模式

13.1.1 傳播的基本概念

溝通的要素

發訊者	發出訊息至他方者,可能是組織與個人。有意和其他人或組織進行溝通的一方,也就是訊息來源。
譯碼	將訊息轉換為符號的過程,就是訊息製作。發訊者將所要傳達的訊息轉換成文字、圖形、語言、動畫或活動的過程。
訊息	發送者所傳遞的若干符號,就是收受者所看到、聽到或感受到的內容。一套文字、圖形、語言、動畫或活動的組合。
溝通媒介	負載訊息的工具,訊息從發送者至收受者的傳送通路。
解碼	就是訊息解讀,收受者對發送者所傳遞訊息賦予意義的過程。收訊者接受訊息之後,會因個人的經驗、認知等而賦予訊息某種特殊意義。收訊者的選擇性注意與選擇性曲解會影響解讀結果。
收受者	收受由他方傳來的訊息者,訊息的溝通對象。

干擾	溝通過程中所發生的意外變故,導致收受者收到的訊息與原來的有所出入。溝通過程可能會受到干擾,而造成溝通對象誤解訊息,甚至無法接收訊息等。干擾可能來自天候、其他發訊者、收訊者、競爭者、溝通情境等。
反應	收受者收到訊息後的反應,包含反應及回饋。收訊者在解讀訊息之後,會產生某些正面或負面的反應,這些反應會回饋給發訊者,以便用來判斷溝通的效果,或做為修改訊息的參考。
回饋	收受者傳回發送者的反應部分。

消費者認知過程模型

行銷人員必須為消費者提供動力,促使願意處理所接收的行銷傳播資訊。行銷傳播資訊是為了在消費者腦海中植入一些資訊,以期影響日後的購買決策。消費者溝通階段包含:

知曉	確認消費者對品牌的知曉程度。
瞭解	使消費者瞭解品牌所提供的產品屬性或特殊功能。
喜歡	增加消費者對品牌的喜好。
堅信	消費者確信購買與消費品牌是正確的抉擇。
購買	激勵消費者採取立即的購買行動。

13.1.2 說服理論

說服的定義

何謂「說服」,說服就是一門如何去改變態度的課程。指一個獨立個體的意識,透過一些訊息的傳遞去改變另一個獨立個體或是團體

的態度、信念和行為。說服的內涵：說服是一個符號過程、說服是企圖去影響的、說服是自由意志的表現、說服是訊息的傳送。「說服」的元素：以「成功」為依據、有相關意圖、有特定目標與標準、在自由意志的情境下、會產生心理狀態的改變。

　　說服是指因為推廣溝通所引起的信念、態度或行為意圖的改變，情感訊息會影響消費者對產品或品牌的態度，受到消費者喜愛的訊息能創造較正面的品牌態度和購買意圖，對廣告的正面態度可能提高產品或品牌的購買率。

說服作用於消費者的心理機制

- 訊息訴求的心理依據。
- 媒體接觸心理。
- 媒介構成要素與效果的關係。
- 消費者的心理差異。
- 消費者對訊息的反應。

說服的目標

形塑創造有利觀點	新的態度之形成，誘使目標對象學習新知。在導入新觀念時，必須能符合目標對象的興趣，並提供誘因。
加強維持良好環境	既有態度之增強，不在形塑或是扭轉任何目標對象的態度，而在於增強對於既定事物之態度。只要符合目標對象的需求即可發揮溝通效果。通常用單向論述，對於增強目標對象既有之態度較具影響力。

改變消除不利觀點	既有態度之改變，改變目標對象既存態度或行為。必須挑戰這些既存狀態的合理性，改變目標對象習以為常的觀念，使對於既存狀態有不和諧的感覺。目標對象已有預存立場，說服者會選擇雙向論述，試圖扭轉目標對象觀念。

13.1.3 兩級傳播與親身影響

創新傳佈研究

創新傳佈研究是研究「新事物/觀念/知識」如何擴散整個社會體系，變成廣為人知的社會過程。兩級傳播關心個人如何接受資訊並傳播給他人。創新傳佈則將研究焦點擺在新事物被採納或拒絕的階段。傳播媒介在傳遞資訊過程中扮演重要的角色，雖然大眾傳播的角色十分重要，但是人際傳播在新事物、新觀念擴散中也發揮了非常重要的功能。資訊接收者有不同的特質，會影響他們對事物的興趣與吸收新知的速度，因此，傳播資訊的對象可依循市場區隔的概念，將公眾分為不同的類型。整合行銷傳播所企畫的活動，必須在特定的時間之內成功銷售某項產品或觀念。如何適當區隔不同取向的社會大眾，瞭解傳佈過程中的阻力與助力。如何運用大眾傳播與親身傳播的影響力，達成成功採納的目標。

創新傳佈的四個步驟

● 知曉：欲推廣新事物，就必須先讓閱聽人暴露於媒體資訊，使其對資訊有所瞭解。閱聽人的社經地位、人格特質、媒體使用行為和習

慣等，都會影響對新事物的知曉程度。

- 說服：個人對創新產生一種贊成或是不贊成的態度。
- 決定：個人選擇去擁有或是拒絕某項創新。
- 確認：個人尋求支持以增強他已經做的創新決定，但如果遭遇衝突的訊息，他可能會改變先前的決定。

目標對象是否採納新事物的評估標準：

相對利益	新事物與採納者間需求相符程度。
相容性	新事物被認為好過舊事物的程度。
複雜性	新事物容易被瞭解及使用的程度。
可試用性	新事物可試用程度。
可觀察性	新事物可被觀察程度。

兩級傳播與影響

　　目的在說明大眾傳播媒介和個人親身的影響力。親身接觸影響力大於大眾傳播。觀念通常從廣播或是印刷品流向意見領袖，又從意見領袖流向人群中較不主動的那些人。

- 個人在社會中不是孤立的單位，而是和他人互動的社會團體成員，個人對於媒體訊息的反應不是直接立即的，而是透過社會關係的轉達，並且受到社會關係的影響。
- 大眾媒介與個人的關係，通常會透過某些特定的社會團體或意見領袖的中介。
- 這些團體或意見領袖往往會影響個人對媒介的接觸以及對媒介訊息的解釋與行為改變。

　　親身影響指人際溝通在資訊傳遞過程中扮演重要角色，而媒體只

是加強輔助其效果，它可以幫助改變，卻無法主導改變。除了運用大眾傳播管道外，也應重視人際間的傳播。大眾傳播與人際傳播是一種互補。因此要運用各種不同的溝通管道以達成傳播目標。設定目標溝通對象，必須體認到人際傳播的效果，找出意見領袖。由於情感的連結，使得團體成員的意見必須協和，以建立團體認同感。在團體互動過程中，意見領袖可以將大眾媒體的資訊告知團體成員，並影響個人認知與態度。

13.1.4 消費者傳播理論

儀式溝通模式

儀式是持續人們對於社會連帶的關鍵，帶有使得神聖觀念不斷延續的功能。把文化視為社會中的驅動性力量，定期透過儀式聚集起來，滿足大眾對神聖的需求。在儀式裡，透過音樂以及聚集的人群，讓集體達到情緒激動或集體興奮狀態，也就是強烈的群體認同感。集體表象與社會感情都必須要不斷被某種機制重新啟動，而儀式就扮演了這種重新啟動的功能。儀式在於使共同體能夠繼續維持下去，重新加強個人屬於集體的觀念，使人們保持信仰和信心。通常被界定為象徵性的、表演性的、由文化傳統所規定的整套行為方式，可以是神聖的也可以是凡俗的活動。

這類活動經常被功能性地解釋為：在特定群體或文化中溝通、過渡（社會類別的、地域的、生命週期的）、強化秩序及整合社會的方式。儀式的功能在於強化成員聯繫，在共同經歷過一場神聖性的震撼後，個體將更緊密聯繫於社會。儀式的重複是為了儲存經驗與記憶，

並具有象徵性、隱喻性與意義性。使用者在使用媒介時，可以在自我連結和意義的創造中得到快感，且會將媒介文本與生活經驗透過儀式之行為來相互連結。

使用/滿足

　　人類有自我實現與自我滿足的潛力，因此消費者會極力尋找以下的商品，符合個人喜好的商品或服務，同時滿足其對娛樂、休閒與資訊的需求，符合其社經地位或所屬團體的認同，提供與社會風尚接觸的橋樑。閱聽人在使用媒介前，即經歷有一連串認知或情感的比較，同時會將過去接觸媒介的經驗予以回饋至對媒介所抱持的信念，和對媒介內容的評價，且此信念與評價將再影響以後的媒介使用動機和行為。滿足需求指閱聽人對使用媒介後可能產生某些結果的期望，意即對有利結果的尋求；而閱聽人在使用媒介後，理解使用行為中所獲得的結果，即是所謂的滿足獲得。

　　滿足分為過程上的滿足與內容上的滿足，當使用者在尋求訊息的過程裡獲得了愉悅的體驗，就可以獲得過程上的滿足。從獲得到的資訊裡學到了事物和知識，甚至得以運用到日常生活裡，所獲得的滿足即屬於內容上的滿足。個人的社會環境與心理傾向會影響到媒介使用的嗜好，以及對媒介能提供利益的信仰和期望，形成特定的媒介選擇及使用行為，並經過下列的評估過程：

1. 媒介使用經驗所得到的價值
2. 可能在其他領域中所得的經驗
3. 與社會活動所獲得的利益

觀展/表演

　　觀展/表演典範認為現代社會是一個「媒介滲透」的社會、表演的社會，人們花費許多時間與金錢來消費大眾媒介，媒介融入一般的日常生活裡，成為生活的一部分。人們根據自身的經驗與生活來建構特殊的想像世界，無形中將自己視為表演者，同時也是觀看者，生活成為一連串的表演過程。在豐富的媒介景觀與商品化的操弄下，影像與實物的界線早已模糊，人們在閒暇時所從事的休閒與活動也成為事件而受到參與者的觀看。現代社會中的自我，是朋友與陌生人監看的表演，人們不僅欣賞他人表演，同時化身為自我表演的觀眾。觀展/表演典範是藉著觀展與自戀對於社會的建構與再建構，尤其是個人對於身分的認同。

　　閱聽人由特殊事件的觀眾擴大為日常生活的觀眾，間接或直接的觀看他人的表演。閱聽人區分為連續光譜的五個點，閱聽人依照不同涉入程度，分別為：

● 無特定媒介使用的普遍消費者。

● 受到某類型文本吸引、但彼此無相互接觸的迷群。

● 針對特定文本、大量媒介使用且彼此見面、組成非正式網絡連結的崇拜者。

● 組織嚴謹、專注特定文本、可做為抗爭基礎的狂熱者。

● 由狂熱者發展出來、具有專業生產能力之小規模生產者。

13.2

整合行銷傳播模式

13.2.1 AIDA模式

AIDA模式

AIDA模型與「思考、感覺、行動」（效果階層）模型作為行銷傳播工具的選擇。消費者先認識產品，才出現感覺，最後才購買，也會因決策是高度涉入或低度涉入而定。AIDA模型可做為挑選適合的傳播目標與策略，在效果階層的認知及態度層級下工夫，塑造品牌價值，吸引直接回應，將消費者的反應分為：

引起注意 （Awareness/ Attention）	消費者經由行銷傳播訊息的視聽，逐漸對產品或品牌有初步的認識瞭解，引起消費者注意。
維持興趣 （Interest）	建立消費者對產品購買的可能性，當消費者注意到產品訊息產生興趣。讓消費者產生興趣和產品具有USP（獨特銷售主張）有相當關聯，消費者本身對此產品是否關心與重視則是另一關鍵。
激起渴望 （Desire）	使消費者產生想要擁有該項產品的慾望，消費者看到行銷傳播訊息有興趣，不一定會產生慾望，所以強化消費者購買慾望，使其產生「想買」是重要的一環。

獲得行動 （Action）	消費者獲得行銷傳播訊息後有所行動，促使消費者產生行動，因此加速消費者行動的行銷傳播訊息鼓勵有需求的消費者，立刻採取行動做法。

13.2.2 ELM模式

ELM模式

　　ELM模式又稱推敲可能性模式，將接收到的資訊與某人原有的知識系統進行連結。強調閱聽人自發性的聯想，稱之為訊息激發的審思。對於訊息思考的可能性決定說服的途徑，提出兩種認知過程，包括中央與周邊說服路徑，個人的切身性，個人的切身性愈高，愈可能受到說服的中心路線之影響，當事件與個人關係薄弱時，人們反而會採周邊路線。整合行銷傳播工具交互運用溝通藉此說服消費者：

中央路徑	指當人們擁有動機與能力時，會慎思熟慮所有資訊，是一種高思辨程度。閱聽人會理性地處理與產品訊息相關的資訊，進一步形成對品牌的態度，而形塑的品牌態度持續性高也不易被改變
邊緣路徑	指當人們缺少動機或能力時，則會被主觀印象，共識等邊緣線索說服，屬於低思辨程度。閱聽人將資訊處理的能量聚焦於非產品的訊息上，如名人偶像，或特定的廣告創意執行手法，如音樂等。

影響ELM模式選擇因素

● 訊息傳播的形式。

● 論點或訊息的強度。

- 訊息周邊線索輔助。
- 收訊者涉入的程度。
- 消費者已存或現存態度。

13.2.3 公共關係模式與理論

公共關係溝通模式

Grunig & Hunt（1984）將組織與公眾之間溝通模式，以溝通的互動程度以及資訊透露程度分為兩個變項：單向／雙向溝通，指閱聽人是否能在接受訊息後，提供回饋給訊息傳布者，以便訊息傳布者調整其溝通策略，以符合閱聽眾的需求。對等／不對等性，指訊息傳布者是否願意與閱聽眾，以平等的地位進行溝通協商增進瞭解，以達雙方的利益平衡。組織應策略性地使用不同的公關模式，針對環境中不同的公關問題，不同的衝突來源，使用不同的模式。就公關活動的執行，從方向與「目的」構面，分為四種模式：新聞代理模式、公共資訊模式、雙向不對等模式與雙向對等模式。

新聞代理（Press Agency/Publicity）模式

組織掌握傳播主動權，透過媒體發送訊息，公眾是被動的訊息接收者。組織的將資訊傳遞出去，不論訊息真實性。無所不用其極吸引媒體注意，以取得宣傳的效果。組織視媒體為宣傳工具。此種模式以單向溝通為主，以宣傳、告知為目的，並不主動探知閱聽人的反應。以宣傳和爭取媒體曝光為最大目的，所傳遞資訊並不完整，有扭曲或不完全真實的情況；會創造「假事件」，獲得媒體版面。常衍生公關

道德的問題。視傳播為「說」而非「聽」的過程，完全站在組織立場，企圖改變或說服大眾的態度和行為。

公共資訊（Public Information）模式

組織會設立新聞室，並與大眾傳播媒介保持一定的聯繫。所提供的消息必定是正確的。一般政府機構與非營利事業團體常常使用。以單向溝通為主，主要目的為告知大眾，次要目的為說服。傳遞資訊為主要目的，對外的傳布，主要目的為告知大眾，不見得具有說服意圖。

雙向不對等（Two-Way Asymmetric）模式

組織不僅透過媒體向公眾傳遞訊息，也從公眾身上獲取訊息。雙向不對等溝通模式透過市場研究調查，理解民眾訴求並說服依循組織的期望行事。以雙向溝通為主，說服為主要目的，但溝通結果僅有利於企業或組織。雙向不對稱模式注重大眾反應，包含：態度、想法及行為。組織內部之協調及運作功能主要在說服公眾受傳播者之觀點，改變公眾或形塑公眾接納組織/之立場。說服為主要目的，資訊是非對等的。組織蒐集或調查公眾或態度，做為擬定溝通訊息的基礎，進而提出有效的說服策略，使公眾接受或採受組織的立場。溝通用意在說服公眾，強化說服效果，而非反求諸己，改變組織既定目標。

雙向對等（Two-Way Symmetric）模式

公關人員與新聞記者間關係，沒有在特定議題上預設立場或強迫抉擇，故雙向對等溝通模式創造了一個對話、討論場域，以期達到組織與公眾兩者間雙贏。協助企業或組織瞭解公眾需求，做為改進參

考。適合運用在衝突情境下與行動公眾的談判與協調過程，求取組織和其公眾之間彼此觀點、態度或行為上的改變。以雙向溝通為主，促進共同瞭解為目標。互動時不但有資訊的交流與回饋，更以雙方互惠為主。雙向對等的出發點尊重公眾權益，與公眾建立長久關係，符合企業公關道德標準，處理衝突時也最具效果。溝通目的在促進彼此瞭解而不在於說服。雙方互動時，重視資訊交流與回饋，並尋求雙方的共同瞭解，溝通的結果讓雙方互蒙其惠。

13.2.4 事件行銷體驗模式

事件行銷體驗模式

目標受眾藉由直接參與體驗事件行銷，而與組織或品牌產生互動，而體驗的過程中，參與者與活動內的各種元素接觸，包含五感接觸、參與活動進行、觀看他人反應及與自身內心的認同反應。活動所提供最主要的產品與服務就是體驗，一個成功的活動必須考量的要素，其中的核心效益即為消費者的體驗，一個滿足其需求的愉悅體驗。而實體效益就是一些場地、佈置等足以幫助實現核心效益的措施。

針對如何引發消費者參與事件行銷，以及其參與動機加以研究，組織在創造一起事件行銷讓目標對象參與的過程中，其目的就是為讓目標對象能對這個品牌或產品加深印象以及產生情感。消費者參與事件行銷，並透過大量體驗的過程，依據包括了經驗導向、互動性、自我開創性以及戲劇化的安排等四種要素，讓消費者對事件行銷產生興趣。在活動發想到執行過程，均結合企業品牌精神與商品故事，在體

驗活動舞台上利用道具佈景與活動敘事，消費者與商品品牌建立的長期關係與深厚情感，成為其評價體驗活動的根據，消費者個人背景經驗亦會影響其消費體驗。以下就與事件行銷中，消費者與組織或品牌之間透過體驗產生連結，事件行銷體驗溝通模式作為分析體驗、消費者、組織或品牌之間互動的關聯：

● 組織、企業、商品規劃針對特定目標受眾規劃活動時，須考慮其活動的體驗品質並加以管理。

● 目標受眾在體驗事件時會接觸到四項要素，分別為內容媒介、體驗過程、時空場域、體驗效果。

14

整合行銷傳播企畫與效益評估

14.1

整合行銷企畫撰寫

14.1.1 企畫的基本概念

企畫的概念

　　企畫是將具有創意或概念的想法，經由動態的決策過程，透過歸納整理做為決策判斷、執行的基礎與評量的根據。確認品牌對企畫活動的需求與目標，可做為策略制訂的依據。將企畫具體化就是企畫書的撰寫，將企畫的想法具體歸納整理成文書，並描述問題所在且找出問題解決方法、擬定計畫、創意概念與方法和具體實行方法，預估執行後期待達成的目標。企畫書應該要有充實的內容、說服力與表現技巧，必須以事前調查結果為依據來使各案的檢討及選擇明確外，效益評估方式也要說明清楚。

企畫書撰寫的基本原則

● 使目標閱讀者容易瞭解的架構內容。

● 擬定目的要能結合預設目標。

● 確認企畫的對象是對內或對外。

● 製作內容完整且詳細的企畫。

● 避免多餘的陳述與贅詞

企畫書的基本原則

規劃階段	● 企畫的目的、目標。 ● 負責/接受企畫的對象以及企畫的目標對象。 ● 企畫類型與可達成目標。 ● 企畫開始與結束、執行的時間。 ● 進行的地點。
執行階段	● 執行企畫、執行的方式與步驟。 ● 成本預算與資源。
評估階段	● 有形與無形的效益及附加價值的評估。 ● 有形與無形的效益及附加價值的達成。

14.1.2 企畫的架構與考量

撰寫企畫書的考量

● 問題的解決：擬定能解決問題的戰略與戰術，包含如何將商品在市場上定位、訴求內容及表現方法、執行效率及成本效率等。

● 成效導向：成效包含以下幾點：

明確的目標	行銷目標：包含銷售額、市場佔有率、試購率、品牌轉換率、再購率；傳播目標：包含知名度、認知度、理解度、品牌偏好、購買意願。
數字化	目標必須數字化才明確。
監督與控制	執行期間加以管理控制、活動後再和實際成果驗證。

● 與市場現況結合：必須和現在的市場環境及消費者關係密切結合，充分去瞭解商品、市場及消費者。

● 執行的可行性：執行人員能實際的執行，執行細節必須詳細清楚，內容完整與充實，才不會遺漏那些步驟或內容。

● 具有發展延伸性：積極向前，即行動導向之意，可做為下次同類型企畫的發展基礎。

企畫的架構

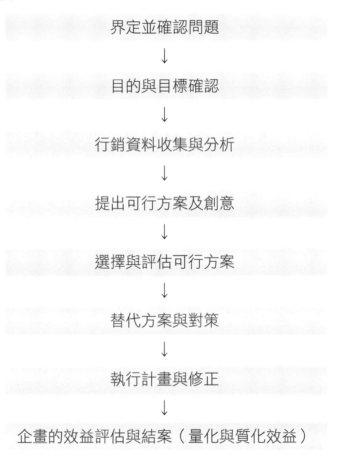

界定並確認問題

↓

目的與目標確認

↓

行銷資料收集與分析

↓

提出可行方案及創意

↓

選擇與評估可行方案

↓

替代方案與對策

↓

執行計畫與修正

↓

企畫的效益評估與結案（量化與質化效益）

14.1.3 整合行銷傳播企畫的概念

整合行銷傳播企畫的概念

　　品牌和消費者互動，使消費者成為品牌參與者，滿足消費者需求也獲得到多消費者行為模式的資訊。主要的策略將規劃與創意結合而形成流程，詳細將必須執行每一個溝通環節說明，以及計畫預計達成的目標。訊息的整合與內容的規劃影響了整合的效益，運用行銷研究分析及修正活動問題及提高達成效益。

　　為了使大眾行銷團隊和企畫活動經理的策略更趨一致，應採取以下形式：對整個銷售週期做更緊密整合，透過媒體篩選，讓目標群眾更趨一致性，將定位和所傳遞的訊息做更緊密整合，在更好的時機下建立更強大的綜效，關注預算，做出提高銷售影響力的決策，深入洞悉大眾行銷投資的規模，以便和其他成交管道一致。

年度計畫的發展

　　年度計畫是長期品牌行銷策略的具體方案，對年度的行銷計畫進行評估，以確保有效的執行，能達成年度計畫所定的銷售、成長、利潤和其他目標。年度計畫將整合行銷傳播企畫在以年為單位的特定期間內，所有需要運用的行銷傳播工具統一評估，讓品牌能有效率接觸到消費者。

　　行銷傳播工具的成本與溝通的深度及廣度不同，考慮各種行銷傳播工具的貢獻性及互補性，利用不同的溝通特性，達成目標及綜效。針對整合行銷傳播企畫的目標，決定行銷傳播工具應用的優先順序及考量。

企畫撰寫的重點

運用工作表單的目的在於方便企畫時作業的進行，將細節與流程清楚說明，使執行人員易於瞭解企畫內容。整合行銷傳播企畫通常提案過程比較複雜，需要分成好幾個階段，不論是行銷人員對內的提案，或協力廠商所提出的企畫，都必須準備正式的提案用企畫書。通常完整的內容會用文字報告（WORD）及具體及詳細的內容說明，以及提案時重點呈現的簡報（PPT），以便於在較短的時間，讓與會人員能迅速瞭解。為了使企畫書更具說服力及容易理解，可將要點部分圖表化，以口頭補充說明。

14.1.4 整合行銷傳播企畫的流程

整合行銷傳播企畫的項目

● **企畫案目的與目標：**

● **行銷與市場環境分析：**

資料為行銷的命脈，也是有效使用可尋址通路的關鍵。好的資料規劃會是數位行銷企畫的核心。

● **問題點與機會點分析。**

● **競爭分析：**

為了從事有效的的溝通與推廣，除了消費者的決策類型，還應從競爭分析確認目前與未來的競爭者為何以及競爭者的行動。找出主要的競爭者，再確認消費者從各競爭產品與品牌間所做的選擇，以評估公司的競爭優勢。

- **定位與區隔目標市場：**

  市場區隔的分析、目標市場的選擇、產品定位等決策都應先制訂。

- **確認行銷溝通目標受眾：**

  消費者行為的決策過程：確認需求、蒐集內外部資訊、評估各種品牌方案、實際購買和購後行為。消費者行為又可以依這五個步驟的決策情境複雜度、思考的層面、資訊的多寡、決策的重要性等。

- **溝通策略與目標擬定：**

界定目標市場	應以具體的人口統計、地理統計、心理統計和行為特性等變數加以描述和界定。
傳達明確的訊息	獨特的銷售主張才能在眾多互相競爭訊息中脫穎而出，使消費者有深刻印象。
預期的溝通效果	根據形象調查結果，規劃公司預期達成的知名度、品牌偏好、消費者態度等目標。
預期的銷售額與市場佔有率	除了預期的溝通效果，如果可能，最後可能達成的目標也應包括在內。

- **溝通訊息設計：**

  對於議題消費者的必較敏感，行銷人員運用可能的媒介與消費者對話並結合議題。傳遞行銷訊息時，必須根據消費者的反應調整內容，當消費者成為品牌忠誠者時，會主動的互相分享資訊。

- **決定溝通行銷組合策略：**

  行銷人員需要運用多元且更具有深度的方式來連結消費者與品牌

接觸點。還要將品牌形象與消費者經驗結合，使品牌與消費者進行持續的對話。持續和消費者互動，必須經由理想的企畫提出明確主張，說明品牌傳播工具值得消費者使用停留的原因。

● **傳播工具方案管理：**

必須瞭解各種工具的優缺點，才能規劃各種溝通工具的使用。建構消費者接觸平台，包含完整的傳播工具和相關內容。透過平台，行銷人員得以和消費者持續的互動。互動性、整合性、活動性強的行銷活動，會吸引特定消費者持續關注參與。選擇行銷傳播管道和消費者互動，以及傳達的獨特想法，都必須運用創意企畫，當以新手法操作特殊媒體時，媒體操作就是創意的體現。創造傳播平台後，須擬定增加參與人數的計畫，包括選擇媒體和贊助來源、數位與虛擬整合，以及消費者參與的活動。

● **行銷預算計畫：決定經費的方法：**

主觀判斷法	資源決定法、營業額百分比法、競爭對等法。
客觀資料法	歷史資料法、市場實驗法。

● **專案小組或委員會組織：協調與整合過作的執行與運作。**

● **工作進度安排。**

● **企畫執行。**

● **消費者參與：**

消費者必須以參與者的身分和品牌與行銷傳播活動互動連結，品牌經由參與行銷傳播活動的消費者，進一步瞭解參與的消費者的行為反應與內在洞察。

● 溝通效果評估：

明確的行銷效益達成是很重要的，包含品牌傳播、業績以及損益評估。嚴謹來分析資料及行銷成效，以確保持續不斷改進。效果衡量以銷售額為標的以及溝通的結果，並對整合計畫的方案加以評估與追蹤。

14.2

整合行銷效益評估

14.2.1 行銷評估與成效

行銷投資的效益

　　整合行銷傳播的投資,目的是期望達成長期的品牌經營能力,中期的年度計畫發展並達成短期營業獲利目標。組織目標不明確、過度偏重收益的達成,或過度期望消費者的滿意度達成,都會影響行銷投資的效益。行銷效益的評估,必須從企業或組織從上而下的達成共識,也是企業經營的目的。建立行銷投資報酬的評估標準,並在組織內確實溝通並達成共識。

　　建立計算行銷投資報酬的標準值,並設定最低的達成門檻,做為整合行銷傳播計畫的預算規劃與來源依據。掌握對獲利或費用的所有影響,持續監控並修改行銷執行的流程,編定並調整行銷部門的計畫與預算。讓整合行銷傳播計畫的相關組織與人員,在薪酬和獎賞制度與企業發展目標一致,使行銷人員的績效極大化。組織成員的付出與能力,跟執行達成的績效呈正向的關聯。

效果評估

整合行銷傳播的效果評估，關鍵點在於「時間」和「空間」兩項因素。行銷稽核是對整個組織或事業單位的行銷環境、目標、策略和活動等進行全面性的檢查與評估，用以發現行銷機會與問題，並找出改進行銷績效的途徑。行銷效能檢討是針對消費者行為、整合性行銷組織、足夠的行銷資訊、策略導向和作業效率等行銷導向的主要屬性進行檢討評估。

影響執行成效的因素

組織設計：

設立由相關的事業功能及行銷部門代表所組成的執行小組負責執行，以加強不同功能或部門間的協調。組織設計可鼓勵功能間的合作和溝通，對於變動中的環境也較方便做快速的反應。

激勵制度：

激勵制度會左右人們的行為，也會影響到執行的成效。考核與報酬制度是一種常用的激勵工具。一個良好的考核和報酬制度應能在短期與長期觀點間獲得一適當的平衡。

溝通：

快速、正確、方便和多向的溝通是有效執行的要件之一，在執行行銷策略與方案的過程中，需要有許多垂直的溝通和平行的溝通。

組織文化：

組織文化對執行成效包含三個要素，即共同價值、行為規範、象徵和象徵性行動。

● 共同價值：界定組織之優先性的共同價值是組織文化的基礎。

● 規範：文化是以規範做為行為指引的一種社會控制系統，一個強有力的規範在組織中可產生遠比一套目標、衡量的制裁更有效的控制力。

● 象徵和象徵性行動：組織文化用一致的、看得見的象徵和象徵性行動來發展和維持的，包括創辦人和企業使命、活動儀式等。

行銷考核主要步驟：

● 發展或調整行銷目標。

● 建立績效標準。

● 評估實際績效並和標準比較。

● 採取必要的矯正行為。

14.2.2 行銷傳播效益評估

評估行銷成效

　　整合行銷傳播是由許多行銷傳播工具整合，品牌希望和消費者建立關係，必須在能溝通過程中經由多重管道，因此行銷成效的追蹤複雜度相當高。需要整合各方面的資訊，並對各項工具進行效益的分析調查，才能呈現出個別行銷活動與整體行銷傳播計畫的效益。效益的確認功能在於瞭解現在的行銷計畫達成目標限制原因，以及在未來的決策中不斷改進。行銷效益評估參考包含：

| 市場銷售和價格資訊。 |
| 毛利與淨利財務資料。 |
| 行銷活動價值的指標。 |
| 內外部成員績效達成指標。 |

整合行銷溝通方案的考量準則以下準則來評估整合行銷溝通方案的整體影響力：

覆蓋率

覆蓋率指每個溝通選項接觸到的部分，加上現有個溝通選項重疊部分的程度。不同的溝通選項，對特定目標市場所能觸及的範圍如何？這個目標市場是由相同抑或不同的消費者所組成？

貢獻性

貢獻性式行銷溝通固有的能力，在缺乏其他溝通選項的曝光情形下，從消費者的身上創造想要的回應和效益。主要效果是行銷溝通如何影響消費者溝通的過程及其產生的結果。

共通性

共通性式跨溝通選項間共同關聯的強度。大部分的整合行銷傳播均強調共通性準則整合行銷溝通為執行統合所有的行銷溝通工具，從廣告到包裝，具體地傳遞目標視聽眾具一致性、說服性的訊息。

互補性

互補性說明不同聯想的連接在使用各種不同溝通選項的互補程度。舉例來說，研究顯示當促銷與廣告彼此結合時，效率更佳。

多能性

多能性是指行銷溝通選項對不同消費群溝通穩健性與有效性的程

度。舉例來說，大量的廣告創造品牌覺察的溝通形式，通常被視為人員銷售的必要條件。不管消費者過去被溝通傳播的情況為何，穩健的行銷溝通選項在於能達到想要的效果。

成本

評估行銷溝通準則皆應該考慮成本權重，已達成具效率和效果的溝通方案。行銷成本包含：

直接成本	直接可以歸屬到行銷功能績效的成本
可追蹤的共同成本	跟據若干準則或指標，間接的分配到所支援功能的成本
不可追蹤的共同成本	無法根據可靠準則，只能大略的將成本分攤到不同部門的成本

行銷績效追蹤評估

- 上市計畫的執行績效的評估：大範圍地去瞭解上市前定義的目標市場與定位是否在上市後達成基本行銷策略的目的，還有估計的銷售額以及重複購買的情形是否能達到原先上市前估計的數字。
- 細部的行銷活動的績效評估：衡量在年度行銷執行活動裡，各種行銷活動的目標績效是否達成。

14.2.3 整合行銷傳播工具效果研究

傳播工具的效果研究

行銷活動的績效對整合行銷傳播來說是非常重要的，追蹤行銷活動績效幫助達成行銷目標確認的工具與方式。各種行銷傳播工具因為

本質的不同，在效果與研究時的指標與方式也有所差異。經由傳播工具的效果研究，可以個別調整傳播工具的應用，以及整合行銷傳播企畫的策略與方向。

行銷推廣活動的範圍非常地廣，這些活動實際執行後的相關資訊可以協助媒體與廣告計畫的變更與修正。應該進行樣本績效研究，推論樣本的績效。行銷推廣活動稽核研究的基本精神就是希望透過抽樣研究去瞭解這些活動的整體績效如何，及早發現問題，及早解決。

評估廣告效果

消費者對廣告的喜愛程度和知覺、回憶以及強有力的說服有關。廣告效果評估為廣告的長期回應效果確認，目的在維繫廣告累積效果或是顧客所保有的良好感覺，使品牌在未來選購時能繼續受到青睞。廣告效果的衰減會因為消費者記憶的消逝、接觸到競爭對手的產品與廣告，或個人的體驗產生差異。追蹤研究在廣告活動仍進行時，提供廣告主重要的回饋資訊。

廣告研究的調查項目

● 廣告主題調查和廣告文案測試。
● 廣告媒體調查、電視收視率調查、廣播收聽率調查、報紙或雜誌閱讀率調查。
● 廣告前消費者的態度和行為調查、廣告中接觸效果和接受效果調查、廣告後消費者的態度和行為追蹤調查。
● 同行競爭對手的廣告播放情況的廣告媒體監測。

主要廣告效果研究

廣告文案測試

　　幫助設計有效的廣告，並能判定數個廣告中何者最有效。測試的認知構面包括注意力、意識、接觸、識別、理解與回憶。

回憶研究

　　用於廣播和電視廣告效果的測試。

競爭者的活動

　　瞭解競爭者選擇的媒體與廣告內容，媒體競爭報告提供關於廣告主活動和花費的最全面資訊。

實際行為測試

　　調查的是消費者受試廣告後所產生的的實際行為，包含購買傾向與實際的購買行為，可以在通路裡進行直接反應的測試。

測量網路廣告效應

　　行為的測量方式，「點擊」做為計算瀏覽者點擊橫幅廣告次數的依據。追蹤方法：透過安裝在觀看者電腦上的追蹤系統，來追蹤人們在看過廣告之後的數日或數週間所瀏覽的網頁。

觀看電視節目過程中的行為

● 計畫型收視：包括在固定時段收看特定頻道的節目、開電視機前已知道要看的頻道節目。

● 搜尋模式：像是選台時碰到好節目會立刻收看的情形，選台時會一路找下去再回到最好的頻道，會轉台看哪一台有好節目等。

● 再評估模式：節目結束前換台或停看，節目結束時立刻轉台，節目

中廣告出現時換台，同時看兩個節目且在兩台間切換，從頭到尾一直看完同一個節目等。

公共關係研究的步驟模式

定義公共關係問題

↓

研擬公共關係計畫

↓

以行動和溝通實踐公共關係計畫

↓

評估計畫

個案介紹

7-ELEVEN

品牌介紹

　　7-ELEVEN的前身統一商店股份有限公司，於民國67年由統一企業成立。隔年五月正式推出全國首創的現代化連鎖便利商店，當時計共有14家門市同時開幕，同年十月，統一超商與美國南方公司技術合作，引進7-ELEVEN便利商店的經營理念及技術，成為國內第一家國際性的連鎖便利商店。72年7-ELEVEN嘗試將營業時間延長至24小時，並加入許多多樣化的自有品牌產品，終於在民國75年由於已初步達成開店數的經濟規模，開始轉虧為盈，快速增加展店數，故陸續推動特許加盟、委託加盟方法。統一超商經營20多年來陸續成立了捷盟行銷、統奕包裝、樂清服務、統一生活事業（康是美）、統一型錄、統一星巴克、統一資訊、首阜企業管理顧問、大智通文化行銷、統昶行銷、統一武藏野、統一多拿滋、台灣無印良品與統一速達、統正開發（夢時代購物中心）、統一百華（阪急百貨）等等數十家公司，有多家已經進入台灣服務業500大之林，2000年開始跨足國際經營的上海星巴克與菲律賓7-ELEVEN，2004年也跨足中國零售市場。近年來更整合統一集團下所有流通相關企業，成立統一流通次集團（PCSC），目前整個次集團各業種總店數超過5100家。

結合公益

2011年配合母親節活動，7-ELEVEN「把愛找回來╳聯合勸募」邀請日本名師級設計大師，和四家愛心工廠的身障朋友們，開發全新系列的創意生活雜貨，並邀請台灣高球天后曾雅妮擔任愛心商品代言人。

City Café咖啡案例

City Café，這個簡單又特別的名字，堅持讓您不受時空限制，隨時能喝到高品質的好咖啡。讓香純的咖啡香飄逸在城市的角落，不論是上班途中、下午休憩，還是加班熬夜，只要有喝咖啡的心情，就能立刻享受一杯物超所值的現煮好咖啡。

國內咖啡市場逐年上升，7-ELEVEN首創將現煮咖啡帶進超商販賣，品牌定位為城市咖啡館，希望讓忙碌的現代人能夠隨時隨地享用到平價咖啡，為超商開創了另一個主要收入來源。

7-ELEVEN剛推出City Café時 推出了一系列活動，其中刺激消費的這款集點送伯靈頓熊活動共生產了60萬隻，在1個月內已經被全數換光，這次集點是只需要點一杯中杯city飲品則送1點或者3杯+49元即可兌換，在1個月內全數換光，這次活動非常成功。

在上次熱烈迴響下，這次7-ELEVEN又推出了新一代伯靈頓熊，這次集點不限於City Café，而是只要消費60元就送1點，但這次兌換門檻提高，集滿10點+49元或者集滿20點就可以兌換伯靈頓熊1隻，一樣的模式隨機贈送，無法挑選款式，在這樣限制下，想要收集全套的人只好更努力消費了。

異業合作

　　「生日快樂・夏卡爾的愛與美」特展於2月26日起在故宮圖書文獻大樓登場。夏卡爾畫作的夢幻、浪漫特質，深獲現代人的喜愛；主辦單位聯合報系特別與7-ELEVEN合作，推出「City Café邂逅夏卡爾」活動，邀請民眾一起體驗城市生活美學。

　　City Café品牌定位為城市咖啡館，期望讓大家喝到的不只是手上這杯咖啡，更可以享受休息片刻以及悠閒時光，因此首度與聯合報系合作，推出一系列共四款的獨家City Café邂逅夏卡爾的咖啡杯套書籤，包括「生日、花束中的戀人、艾菲爾鐵塔的新婚夫婦、我與鄉村」等四款設計，希望讓大家在一杯咖啡的時間，也能同時欣賞夏卡爾畫作中的浪漫以及愛的溫度，而未來7-ELEVEN也期望藉由City Café與藝術的結合，將更多美好的藝術創造介紹給大眾，讓City Café成為推廣城市藝文的最佳平台，而累計至開展首日也創造近百萬民眾7-ELEVEN門市蒐集City Café夏卡爾咖啡杯套書籤。

統一超商的City Café舉辦過無數促銷活動，有些是短期活動或是長期進行，像是有舉辦過以下的活動：

1.第二杯半價或第二杯七折。

2.自行攜帶杯子折價３元。

3.小美式搭配漢堡三明治只要４９元，搭配拿鐵加五元。

4.購買中杯以上贈送7-ELEVEN點數（貼紙）。

5.City Café天天請你喝咖啡簡訊活動。

6.活動代言人（桂綸鎂）。

7.建國百年City Café半價請你喝。

活動內容：

慶祝建國100年　7-ELEVEN以City Café迎接元旦第一道曙光

凌晨5點起優惠起跑，吸引全台上百萬位民眾前來體驗。

為共同迎接建國百年，7-ELEVEN邀請了City Café代言人桂綸鎂陪大家一起迎接第一道曙光，City Café中杯以上半價優惠活動於全台及離島等各門市於凌晨5：00即刻啟動，陪伴國人從迎接曙光、元旦升旗…等，再加上7精心設計的建國百年造型杯款：獨特的紅色「100 Anniversary」圖案並在白色杯身上印有「City Café 慶祝中華民國100歲生日快樂！」文字，讓全新的一年從City Café開始。由於這是7-ELEVEN在民國100年推出首波單日優惠活動，再加上寒流來襲因素，預計一天將會吸引上百萬位民眾購買，成為當天最大規模的全民慶祝活動。

此外，7-ELEVEN也在元旦當天舉行一場City Café的戶外體驗活動，並特別選在台北信義計畫區新地標統一阪急百貨台北店2樓夢廣

場舉辦。而City Café品牌代言人桂綸鎂雖在北京拍戲，但也特別趕回來參與該活動，與民眾共同享用今年的第一杯咖啡，讓一大早就因為元旦升旗人潮聚集的信義計畫區，呈現出「整個城市就是我的咖啡館」的獨特氛圍。而活動現場除了咖啡優惠外，也因限量送出City Café百年限定版的精美咖啡瓷杯（限量1000個、價值超過600元），所以吸引在台北各地區參與完升旗民眾的民眾移師前來，並成為當天最熱門的活動與話題！

整合行銷案例介紹
公仔行銷

在公仔行銷上，連鎖便利商店可說是最成功的代表，運用公仔製造行銷熱潮，並帶來業績的成長，形成一股「公仔瘋」。自7-ELEVEN的Hello Kitty胸章收集帶起熱潮後，進而帶動公仔的流行。2006年三八婦幼節推出「Hello Kitty與你環遊花花世界」，深受各界喜愛，以「購物滿77元送Hello Kitty胸章」，創了當時行銷手法的先例，根據當時7-ELEVEN所做的數據顯示，每位來店顧客平均消費金額大致為62～65元不等，因此將金額訂為77元，消費者為了得到「公仔」贈品，不知不覺中提高了自己的消費單價，為7-ELEVEN帶來龐大的商機，從凱蒂貓、迪士尼到OPEN小將，運用公仔做行銷，延伸logo甚至CIS，與企業形象連結，創造與競爭對手的差異化優勢，讓消費者持續消費，提高銷售業績，也提高品牌與產品曝光度。

滿額集點送的活動除了能換公仔，也能兌換7-ELEVEN商品或統一集團下的其他產品如：星巴克咖啡、酷聖石冰淇淋買一送一優惠等，讓不收集公仔的民眾有不同選擇。

Open小將

　　OPEN小將（暱稱OPENちゃん）是超商形象代言公仔，另有一系列相關人物和設定背景，由統一超商委託日本電通公司設計，如今常用於台灣7-ELEVEN的平面宣傳與廣告上，並發行一系列周邊商品。2005年7月1日OPEN小將在統一超商召開的OPEN小將發表會上首次公開。OPEN小將的設定緣由：「OPEN」代表對任何人、事、物皆能敞開心胸看待、樂觀進取快樂生活的含意，小狗的樣貌則象徵7-ELEVEN希望達到友善、守望相助的精神。正式公開後，OPEN小將的標語隨著出現在台灣7-ELEVEN的店口海報和電視廣告：「打開你的全新生活，OPEN！」一系列與OPEN小將有關的活動也由此展開。

　　7-ELEVEN擁有比其他超商業者更完整的網路商城，在網路商店中有一系列自有品牌的產品資訊，以及最新的促銷活動等，OPEN小將也有一個屬於自己的專屬商店和部落格，提供所有商品內容和OPEN小將遊戲下載等等，滿足OPEN迷的需求。

　　超商行銷手法不斷創新，為了創造新產品上市的好佳績，各超商

不約而同打出滿額送贈品來拉攏客源。「公仔行銷」手法，背後其實是「贈品＋代言＋宣傳活動」的整合行銷策略的極致。7-ELEVEN統一超商推出的OPEN小將，結合了電視廣告、網路宣傳及店頭設計，OPEN小將雖是被創造設計出來的虛擬公仔人物，也成為最有效的整合行銷工具。OPEN小將具有角色故事，能夠引發消費者共鳴，也帶來年收入5 億元。OPEN小將適當地與商品、目標客層連結，已經延伸出100 多種消費性產品與趣味收藏品，除了為7-ELEVEN統一超商有效開拓自有品牌商品的業績，也進一步強化了它與競爭者之間的差異化。超商業界觀察，在台灣帶頭掀起虛擬人物行銷的7-ELEVEN統一超商，隨著OPEN小將逐漸長大成熟，顧客基礎愈來愈廣，未來可能改變戰略，讓OPEN小將擔綱，成為全店行銷的要角，行銷戰術運用的範圍和靈活度會更廣、更大。

偶像風潮

　　7-ELEVEN統一超商推出的名人代言，藉由顧客的喜好來增加來店消費，以下是各個藝人所代言的商品。

7-SELECT—健康機能零食篇—隋棠

　　從代言人來分析廣告目標對象，主要年齡層應為25～35歲間的上班族，讓上班族也覺得購買7—SELECT—健康機能零食是一種時尚新趨勢。廣告不做任何劇情的編排，只是簡單以隋棠拿著產品做展示，背景也不做任何複雜的構圖，一灰白色來顯現出低調與高貴時尚感，並畫上紅唇的濃妝，在將畫面分為三格，以不同角度呈現商品與代言人，展現時尚的視覺設計，提昇零食的產品形象，讓簡單的零食也能

成為一種時尚品味。而廣告配樂也是屬於原創歌曲，將零食七種特色融合在歌詞裡，也唱出7-ELEVEN的自創品牌7─SELECT，品牌也搭配畫面，將零食的七項特色列出，最後再出現類似衣服吊牌的NT25元標籤，廣告的主題「最優質的商品，最漂亮的價格」、「平價時尚，正在流行」出現在片尾，凸顯廣告最主要的目標。

7-ELEVEN心熱園（棉被篇）─ 田馥甄

　　此廣告也用代言人的知名度來行銷7-ELEVEN心熱園，廣告一開始鏡頭就只take女主角被棉被包裹的臉和一杯鮮豆漿，然後伴隨著鳥叫聲和7-ELEVEN店門口的叮咚聲，店員說了一句早安，畫面上還營造出陽光灑進商店內的早晨感覺，鏡頭突然跳遠景，看到女主角很尷尬的穿著睡衣裹棉被站在商店內，讓觀眾剛開始以為女主角是待在房間被窩裡拿著豆漿，沒想到是站在便利商店，製造一種幽默感。女主角說了一句「一天的溫暖從早開始」，暗示消費者可以在早上就到7-ELEVEN喝到一杯心熱園的熱飲，即使是寒冷的冬天，也可以讓心熱園溫暖消費者的心。

7-ELEVEN關東煮（卡路里日記簿計算篇）─林依晨

　　此廣告找來林依晨代言7-ELEVEN的關東煮系列商品，因為女生都怕胖，因此廣告選擇以女生來擔任主要角色，男生只是配角。廣告一開始就看到林依晨拿著計算機不知道在算什麼，讓大家以為可能是在計算價錢，但事實上是在計算卡路里。廣告後面也說明商品都有清楚標示熱量，讓消費者在選購的同時也能清楚知道熱量的攝取多寡。還貼心設計卡路里日記供消費者記錄，並在畫面下方出鮮關鍵字搜尋圖

示，廣告也使用輕鬆詼諧的廣告配樂和偏白的色調，讓廣告看起來更有質感。

門市本身廣告

貼在門市玻璃窗上的多樣廣告，例如：標題式、大海報式、新產品推薦圖樣、各種服務廣告，這些都能使民眾產生門市本身能提供各種服務的感覺，而圖樣化的海報也能讓消費者引起購買慾望。

「7-ELEVEN歡迎來坐」

「7-ELEVEN歡迎來坐」打出巷子口的里民中心、樓下的安親班，台灣已經是一個高齡化的社會了，隨著社會結構的改變，7-ELEVEN也逐漸在跟著調整，不知不覺改變了面貌！是不是經常發現自己多年以來習慣去的巷口小七，好像門市變得更明亮、寬廣，空間的配置改變了，有了可以坐下來休息的座位區，這樣的改變在鄉下長大的人們也許都記憶深刻，那棵茂密的廟口大榕樹，樹蔭底下總是排放著幾張椅子、桌子，天氣熱的時候，那裡是最好的消磨時間的地方，伯伯阿姨們、爺爺奶奶們成群地聊天、閒話家常，話題總是不脫自己家的孩子「優好某？」，或是「五告優好！」；時至今日，也許那棵大榕樹已經不在了，但是7-ELEVEN也變成大家更喜歡相聚的所在，像是廣告中的這幾位伯伯阿姨，坐在座位區看著窗外，一邊居然在打賭看誰的孩子今年會最早回家過年？！

只見物流車一抵達門市，三位老人家都超引頸期盼的，一號伯伯的兒子捷足先登，送自己的老爸兩款年節禮盒，二號阿姨的女兒也不

遑多讓，用A店訂B店取的方式，同一時間送來了為媽媽預訂的開運年菜，只見三號伯伯難掩失落卻堅持要人到才算贏，說時遲那時快，三號伯伯的孫女和兒子媳婦利用ibon訂的高鐵已經將他們搶先送回鄉下和家人團聚啦！恭喜三號伯伯今年再度獲勝，不過，也讓我們更清楚知道可以如何利用 7-ELEVEN多元的服務方式和親朋好友們維持感情的交流，無論再忙碌，都可以讓對方感受到自己的心意。

社群網站

　　7-ELEVEN在Facebook、plurk等社群網站的經營，就像朋友的腳色，發出的訊息都是有關7-ELEVEN對於消費者有哪些好處，第一是利益，對消費者有利的增品、折扣；第二是交換，資訊、情報、你能提供第一手消息、最快最新的消息告訴朋友（消費者）用的是朋友的口氣，快速取得一種團體間的共鳴感！

Facebook擷取畫面

Plurk擷取畫面

新聞報導

超商紛改裝 大坪數 設專區 留客衝業績

蘋果日報2011年02月12日報導／楊智雯 攝影／攝影組

　　日前統一超商營運長謝建南喊出今年超商總營收要有2位數成長，為了增加業績，7-ELEVEN大動作改裝更高規格門市，不但有65坪大坪數，增加男士、日用品專區及自助吧，還被列為今年門市改裝示範店；萊爾富則推出日用品天天5折起新店型，留客衝業績；全家也砸15億元改裝或開新店型，可見各超商將以更多服務吸引各種客層。

　　為了拼業績，7-ELEVEN積極改造既有店型，每年約有300～400家門市進行增座位區、設置中島區、兩面採光等改造，吸引更多消費者，今年改造重點在增加超商大坪數的門市以及增設各種專區，目前位於基隆路的松高門市已改裝成示範店，7-ELEVEN公關經理林立莉表示：「松高門市是7-ELEVEN未來的趨勢，坪數更大，也增加許多測試專區，未來將引進各門市。」松高門市佔地共65坪，有一整區天天量販價專區，陳列了各種大包裝日用品，要和量販店比拼，還有男士保養品專區，並悄悄測試自助吧，包含DIY加洋蔥、酸菜的德式大亨堡，還引進美式咖啡自助吧，到櫃檯買杯子就可自行調理咖啡，這些服務將擴大到其他門市。

IKEA

品牌介紹

　　1943年，英瓦爾‧坎普拉德創立了IKEA，當初宜家家居販賣的是鉛筆、皮夾、相框、桌布、手錶、珠寶飾品、尼龍絲襪，或者任何坎普拉德認為有市場需求，而他也能夠提供低廉價格的商品。至於家具，是在1947年才加入宜家家居的商品行列中。1955年，宜家家居開始設計自己的家具。

　　坎普拉德一開始只是在自己家裡以及透過郵購來販售商品，後來才在鄰鎮艾爾姆胡爾特市開了一家店面。阿姆浩特也是第一間「IKEA倉庫」設立的地方，並成為日後其他地方宜家家居店面的模型。1963年，第一家瑞典國外的門市在挪威奧斯陸附近的阿斯克爾開幕。

　　宜家家居家具以其富有現代感且不尋常的設計而聞名。其中有很多是被設計成簡單套件，可讓消費者自行組裝的自行組裝家具，這與其他家具店販售的已組裝好的現成家具很不同。這些未組裝或「平整包裝」的家具的體積遠比現成家具小，在包裝、儲存和運送的成本也較低，宜家家居宣稱這樣可以使他們降低產品的價格。

　　「為大多數人創造更美好的生活」，是IKEA的品牌願景。好的設計家具，不僅「看得到，也要可以買得起」，程耀毅說。家具不僅要

有設計感，還要具備實用的功能取向，當然最重要是「低價」。

● 種類多元的商品

● 讓人人都可以負擔得起的優質家具家飾

創造出更多便宜又優質的家具家飾是IKEA的企業理想，也是IKEA經營理念的核心，所以我們做的每一件事，都是朝這個目標努力！因為，我們的終極目標是希望為「大多數的人」創造更美好的生活。

我們不斷努力把每件事做的更好、更簡單、更有效率，讓我們看看要達成這樣的任務，幕後有哪些英雄！

● 創造更美好的生活

當消費者想要購買具有設計風格的家具家飾，通常需要花費較高的金額才買得到，追求居家品味變成少數有錢人的專利；而我們決定從一開始就走不一樣的路，IKEA和大眾站在一起，我們企圖去滿足每一個人的居家需求！我們每個人對於「家」都有著不同的要求、品味、夢想、靈感及預算；最重要的是——每個人都想要擁有更舒適的居家環境和更美好的生活，IKEA決心和大家一起來完成這個理想！

整合行銷案例介紹

＜你願意用什麼來交換一夜好眠＞活動重點介紹

活動時間：2009年4月初

活動地點：台北IKEA新莊店

活動簡介

在2009年4月初，舉辦「你願意用什麼交換一夜好眠？」的活動，讓消費者用創意的漫畫、照片或是影片來投稿「你願意用什麼來交換一夜好眠」，而獲選為最佳答案的前十名幸運兒，於4月10日就可進入IKEA新莊店內的展示間睡上一晚，體驗一夜好眠的滋味，並把價值上萬元的寢具帶回家。

舒適的寢具商品是一夜好眠不可或缺的主要條件。程耀毅也指出：「想要擁有好品質睡眠的民眾，不妨重新檢視個人寢具商品與睡眠習慣。由於每個人對於好品質睡眠的需求不同，所適合的寢具也不盡相同，包括床墊的軟硬、枕頭的高低與棉被的暖度等，都會影響睡眠品質，建議民眾可透過親身體驗，找到最適合自己的寢具商品，換來一夜好眠」。

這次IKEA主要的目標消費者群，為重視睡眠品質、渴望一夜好眠的人。尤其是目前在職場生活壓力大，而且遇到睡眠障礙，年齡在25到44歲之間的族群，而這群人也是現在網路的主要使用者。

主要目標族群

為重視睡眠品質、渴望一夜好眠的人。尤其是目前在職場生活壓力大，而且遇到睡眠障礙，年齡在25到44歲之間的族群，而這群人也是現在網路的主要使用者。

網路活動

IKEA在活動網站上邀請大家用創意的漫畫、照片或是影片來投稿「你願意用什麼來交換一夜好眠」，透過網路活動吸引網友注意。

電視廣告

　　請廣告代理商達彼思，製作25秒的電視廣告，外加關鍵字「IKEA」的5秒影片，輔助網路活動宣傳，擴大參與人數。

　　一夜好眠廣告http：//www.YouTube.com/watch？v=r5MxBNnapgE

IKEA床具系列－一夜好眠

　　描述一對夫妻，由於床舖不好不舒服，造成晚上都睡不好，吸塵器以為是壞掉，結果插頭插在玩具上，結帳時把寶寶當商品，晾衣服把小狗也吊上去了，有了IKEA的床舖就不會有這些烏龍的事發生。

事件／活動

　　最後邀請獲選的五對消費者前來體驗IKEA完整臥室商品，透過整夜的試睡，找到最適合自己的睡眠商品，為自己創造一夜好眠。除了

可以擁有在IKEA過夜的難得體驗，參加者還可將好品質寢具帶回家。

公共關係

新聞報導

　　最後的體驗過程，都有電子媒體拍攝，讓民眾都成了「免費代言人」。

網路新聞報導

　　經濟日報、HINET雜誌專區、動腦新聞…等

IKEA宜家家居推出體驗睡眠活動

　　【經濟日報記者李至和／12日電】IKEA宜家家居為讓消費者親身體驗好品質睡眠，將於4月10日於新莊店舉辦一夜好眠活動，邀請消費者體驗IKEA完整臥室商品，透過整夜的試睡，找到最適合的睡眠商品，為自己創造一夜好眠。

　　IKEA宜家家居行銷經理程耀毅表示，IKEA賣場內的臥室展示間，展現完整的臥室空間解決方案，功能與設計兼備的臥室佈置，讓許多消費者流連忘返。為了讓消費者可以實際體驗舒適的睡眠空間，IKEA將首次邀請10名消費者至賣場過夜，親身感受完整臥室帶來的好品質睡眠。

　　參加者還可將當晚所體

驗的寢具商品，包括枕中枕、雙人四季被、雙人床單、雙人被套組，總值超過1萬元，通通帶回家。程耀毅也指出，想要擁有好品質睡眠的民眾，不妨重新檢視個人寢具商品與睡眠習慣。

體驗行銷

　　一般人逛家具店或許常看到：「請勿觸摸，有需要請洽服務人員」的告示牌。IKEA讓消費者不只看得到，更可以進入展示間觸摸、實際感受。因此，媽媽可以帶著小孩躺在展示的床鋪上聊天休息，絕對不會被服務人員打擾。

　　擅用通路行銷，「通路」對IKEA來說是一個非常強而有力的平台，透過舉辦消費者活動、強調節慶商品，及展示間的佈置創意等方式，不用透過人員來銷售，而是讓產品可以直接和消費者對話，用產品來搭配的美感和創意去說服消費者。

　　IKEA使用廣告宣傳、透過賣場擴大家具展示間的氣氛營造和消費者互動的節慶活動，還有產品目錄型的推廣方式，提供打造夢想居家情境的體驗，讓產品直接和消費者溝通，除了激發了消費者對家居佈置的靈感之外，也幫助了產品銷售。

針對消費時機，創造不同的佈置情境：

　　IKEA常常帶給消費者很多不同新鮮的佈置靈感，每次有新的產品上市或是將既有的產品重新詮釋，創造更多不一樣的用途，同時也刺激了銷售。例如農曆春節過年期

間，IKEA就會在通路和展示間針對家飾品和收納商品進行佈置和促銷，吸引消費者。農曆春節過年期間，消費者的消費傾向偏愛紅色系列的產品，尤其是家飾品和收納商品類，想要居家環境佈置與改變，會進行清裝整修工程。收納商品更是除舊佈新的強項需求產品。

節慶活動，營造通路氣氛：

IKEA除了針對消費時機創造不一樣的消費情境外，也會配合節慶舉辦應景活動。例如在通路舉辦了「寫春聯、送春聯」，然後一樣也是把展示間佈置成春節氣氛的環境，吸引消費者注意，也刺激買氣。

在情人節的時候，在商品上也都以戀愛的粉紅色系，兩兩一對或是心形圖案為主打銷售重點，IKEA也為對「家」很嚮往的情侶消費族群們在IKEA餐廳設計了情侶特別套餐，讓來通路消費的情侶們可以一起享受過節氣氛。

IKEA透過慶典活動來強化品牌形象，引進瑞典傳統慶典，慶祝夏天到來的「仲夏節」活動，讓消費者一起來學習瑞典慶典花圈，體驗異國風情，強化品牌形象。

結合多角化經營：

為了滿足各個年齡層的消費族群，IKEA都有設置兒童遊戲區、餐廳和餐飲販賣部，讓吃喝玩樂和購物可以相互結合，使通路通能更多元更廣。

媒體溝通：

　　IKEA最主要和消費者的溝通管道就是「產品目錄」。IKEA的目錄在全世界的印刷量僅次於聖經的印刷量，它利用產品目錄的推廣，把一萬多以上品項的商品延續通路展示間的創意風格、夢想居家環境、獨特的生活品味呈現在目錄上。

會員制度：

　　IKEA發行會員小卡，提供消費者就可以兌換咖啡、「瘋狂星期三」會員特價商品活動、「冬特賣」會員搶先獨享價，還有每個月抽出一位十萬元禮券的幸運會員，舉辦會員創意講座等等的會員專屬活動，就是要凝聚消費者和對品牌的認同和參與感。

區域市場的屬性不同，提供不同的專案銷售：

　　IKEA一向都是鼓勵消費者自己動手組裝和搭配居家傢飾品，但因應台灣的市場屬性不同，推出「住宅改造王」，讓沒有時間卻有很喜歡IKEA產品的消費者提供專案式的客戶服務，以收設計費的方式提供居家裝潢佈置規劃，還有產品的選購、配送和組裝。

電視媒體：

　　IKEA推出系列電視廣告，廣告訴求都是強調產品功能，再來漸漸加入折扣訊息，花小錢大改變等觀念。而國家地理頻道也推出「超級工廠」單元介紹IKEA從品牌概念到產品設計、生產、包裝、出貨，還有通路展示間的陳設佈置，以及品牌行銷故事系列專題報導。

IKEA英國廣告

1

● 感性訴求策略

　　嬰兒的哭聲一出現，就能夠觸動閱聽眾的情感，當媽媽找到孩子，有這種經驗的消費者就會開始反思，我們家是不是也是這個樣子，只要消費者一這麼想，此廣告就成功抓住了訴求對象的心理，並

讓消費者產生想要解決這個問題的慾望，進而達到購買的行為。

2.

● 幽默訴求

　　幽默性訴求通常是讓廣告容易被記住的好方法，閱聽眾會從可笑有趣的訊息中引發對產品的正面解讀。而這篇廣告，就在最後加了一個誇張的手法，將生活中不合理的現象做含蓄的揶揄，進而使人心情輕鬆愉快。

3.

IKEA
If not for yourself, at least for the others

● 幽默訴求

　　一對情侶藉由玩遊戲來增加生活中的情調，不料，卻因混亂的環境，而破壞掉正在進行中的遊戲。透過這種譬喻、誇張的手法，做顯露的批評和揶揄，讓觀眾從這些訊息中，有效記住IKEA家具，當真的碰到類似情形時，消費者就會立刻聯想到這則廣告，進而產生解決問題的需要。

4.

● 恐怖訴求

　　一根叉子竟會殺死一個人？這種恐怖的廣告手法，顯示了家裡沒好好整理的後果，消費者看了之後雖然會笑一笑，但是經過思考後，還是會告訴自己該整理一下了，而最後的品牌標誌一出現，便會使消費者對此品牌產生印象，當消費者有這樣的需求時，就會考慮到IKEA參觀購買。

網路媒體：

　　IKEA在網路行銷上也運用很多的方式與消費者接觸，運用社群網站Facebook和部落格無名小站，定期的丟出新的訊息和立即回覆消費者的問題，也分享工作、居家佈置生活的大小事，還有即時更新促銷和各式活動的訊息，這些都更加加強與消費者之間零距離的溝通。

　　透過舉辦網路活動「臥室大改造」，加強跟消費者的互動性，讓消費者還沒到賣場就可以先從網路自由發揮創意，自由組合心目中理想的臥室的樣子，最後會選出優勝者，就可以得到IKEA的改造專案。

跨媒體合作：

　　　　　　　　　　IKEA為了推廣品牌價值，也和瑞典知名樂團ABBA歌曲名稱相同的Mamma Mia！電影合作，推行娛樂行銷，希望消費者到店內消費時可以擁有更多的娛樂經驗和創造更多附加的娛樂價值。

　　IKEA也跟電玩遊戲業者Electronic Arts合作，在電動遊戲Sims「模擬市民2：IKEA家具設計組合」中置入IKEA的傢俱情節。

　　另外，IKEA也搭數位行銷的熱潮，與iPhone App免費應用軟體合作，推出了iPhone App——Kondis，IKEA以消費者每天的生活為出發點，深刻的傳達他們對於消費者生活瑣事關心的態度，為了推廣它的

廚具，選擇不直接對目標對象介紹廚具有多棒多好用，可以自由組合，堅固又耐用 ，反而繞一大圈地說，「在家吃，最好」的概念。

那Kondis本身就是一個瑞店點心食譜、卡路里計算、運動、GPS軌跡記錄的應用程式。IKEA跟他們合作，把原本繞了一大圈來帶他們想要傳達的概念，就是要讓消費者覺得IKEA是有關心他們的生活需求。外面吃一大堆不如在家裡料理，除了健康之外，還可以顧及卡路里，而要吃好東西，廚具也很重要。把IKEA跟硬梆梆的軟體合作，創造另一條新的另類商機模式。

戶外廣告：

IKEA也有做戶外大型的互動式創意廣告，像是在公車亭、公車車體、tbar大型廣告看板等等戶外大型實體廣告，除了品牌形象塑造之外，同時也廣宣產品，讓消費者更實際地體驗和互動，給生活和品牌產生連結，更加印象深刻。

Johnnie Walker

品牌介紹

　　Johnnie Walker來自蘇格蘭，行銷 200多個國家、190個不同市場，是蘇格蘭威士忌第一品牌。目前全球的蘇格蘭威士忌市場中，Johnnie Walker是公認的指標性品牌，歷年各大國際酒類競賽中，得獎紀錄無人能出其右，更是肯定它的品質；據瞭解，每五瓶蘇格蘭出口的威士忌，就有一瓶是Johnnie Walker。

The Man Who Walked Around The World

John Walker

　　約翰華克（John Walker）出生於1805年，1819年，當他的父親過世之後，約翰正式開始了他的旅程。為了負擔家計，約翰出售父親留下的農場，在基馬諾克（kilmarnock）買下一間雜貨店，門上印著他自己的名字—「John Walker」或者是「Johnnie」，現在最廣為人知的名字。

　　當時，許多雜貨商都會儲存著許多麥芽，但是

那些麥芽通常容易變質。對約翰而言，那是劣質的產品。於是他開始嘗試將不同的麥芽混合在一起，以此提供給顧客一份優質、獨特、與眾不同的產品。很快地，約翰的技術受到不少人的肯定，由於沒有其它能夠匹敵的競爭者，約翰的生意迅速發展，紅遍蘇格蘭西部。

Robert Walker & Alexander Walker

1857年，約翰華克去世了，但這並沒有阻止華克家族的旅程。19世紀，他們買下了英國著名酒廠，Cardhu酒廠，以確認獨特的麥芽配方的供應。

此外，亞歷山大還調製出「陳年高地威士忌（Old Highland Whisky）」，也就是約翰走路黑牌的前身。1860年，亞歷山大發明了一種方型瓶與精準的24度商標角度，方型瓶代表減少破損、運載量增加，24度商標角度意味著更有辨識度的標誌。

這一切表示Johnnie Walker已經成功地打響了知名度，特殊的瓶身成為一種標識，在世界各地迅速傳開，廣為銷售。

George Walker & Alexander II Walker

不久之後，約翰的孫子，喬治華克（George Walker）和亞歷山大二世華克（Alexander II Walker）也加入了華克家族的旅程。

1893年，喬治與亞歷山大二世兄弟開始體會到必須迎合消費者口味並且大量生產才能成功，於是他們收購了卡杜酒廠。從此之後，Johnnie Walker產量大增，經營也越來越現代化。

1909年，他們開發出更具代表性的「紅牌威士忌」和「黑牌威士忌」，並且將品牌名稱定為「Johnnie Walker」以紀念祖父約翰華克。

而為了傳達「Johnnie Walker」的品牌精神，邀請當時最頂尖的年輕設計師湯姆布朗尼（Tom Browne）在某次商務餐會上，於桌巾上速寫出一個邁著大步的男人，也就是全球知名的「邁步向前的紳士（Striding Man）」。

21世紀，Johnnie Walker不只是世界上最大的威士忌品牌，更成為國際進步的標誌之一。品牌口號「Keep Walking」，被民主抗議者與議會演講者所引用。Johnnie與他的家族，不放棄追尋夢想與開拓新的旅途，從維多利亞雜貨商到世界第一的威士忌酒商，他們以炙熱的雄心探索世界。到如今，已經過了兩百多年，而Johnnie Walker還在前進，而且永遠不會停下腳步。

整合行銷案例介紹

電視廣告

一直以來，Johnnie Walker廣告行銷預算有90％以上都投入電視廣告，大多是以「Keep Walking」為主題，發展相關的訊息內容。廣告主要以名人代言，包括知名影星哈維凱特（Harvey Keitel）、導演馬丁史柯西斯（MartinScorsese）以及義大利足球員巴吉歐（Roberto Baggi），將這些人對理想執著的心路歷程，拍攝出一段故事，以傳達「約翰走路」的品牌精神。

以Keep Walking理念，完美連結巴吉歐98年世界盃的

關鍵性致勝表現，創造出撼動人心的廣告意象，並將品牌精神鮮活呈現在大眾眼前。

　　除了傳統的「Keep Walking」系列外，Johnnie Walker也拍攝了「力挺你的夢想」系列廣告，內容大多是在講述男人追尋夢想，而背後有一群大力相挺的好友，播出後引發熱烈迴響。Johnnie Walker接著又邀請到台灣之光王建民分享他在美國奮鬥的真實故事，在廣告中重現出他與好友間力挺情誼，而這份友誼也成為他的動力。除了王建民，還有導演魏德聖追尋電影夢的故事，成功打動了消費者的心。

網路行銷

　　Johnnie Walker除了拍攝一系列感動人心，並且令人印象深刻的形象廣告外，他們也積極尋求新的廣告通路。而網路快速興起後，為了吸引年輕族群並且提升品牌好感度，Johnnie Walker結合電視廣告，與知名部落客史丹利合作，在Windows Live Spaces平台上宣傳，得到相當大的廣告效益。

　　以「力挺你的夢想」為主軸的品牌電視廣告，Johnnie Walker突破過去引用國外單一創意的行銷模式，改以連續劇的方式，將廣告分成

五集，但只在電視上播出三集， 另外二集只出現在網路。

　　連續劇式的廣告，引起網友的好奇心與期待，網友們不只是在電視上被動地接受訊息，

更發揮網路閱聽人的主動性，主動搜尋原整版的影片並觀看。Johnnie Walker與MSN合作，在Soapbox影音平台一共上傳了三支廣告影片，供網友觀賞甚至是與好友即時同步分享，另外還能延伸到Windows Live Spaces網友們部落格聯播！成功運用多媒體影音廣告及社交網路分享的加乘效果，使得Johnnie Walker創下驚人的網路宣傳成效，全台灣25到34歲的年輕族群中，每5個人就有1個人看過約翰走路廣告影片。

微軟數位廣告更針對Johnnie Walker黑牌威士忌開啟全新行銷服務，邀請知名部落客史丹利量身打造專屬的Windows Live Spaces，利用廣告主視覺做為部落格版面佈景，更讓網友只需one—click，就能套用Johnnie Walker的Space版面佈景到自己的Space上！此舉不但引起網友熱烈地回應，並大量引用文章至自己的Spaces，有效加強品牌與目標族群的互動性並深化品牌印象。

Johnnie Walker同時也在MSN網頁置入同系列的橫幅網路廣告，橫幅網路廣告搭配電視廣告與網路媒體，將廣告效果加乘，刺激並加深網友對廣告與品牌的印象，並強化Johnnie Walker在消費者心中「Keep Walking」的品牌精神。

除此之外，Johnnie Walker也設計了一款特殊的酒類RPG遊戲，在遊戲中，依照畫面提示，可得到許多酒類常識。讓遊玩者更瞭解該品牌淵源，加深印象。Johnnie Walker不只在遊戲裡告訴你威士忌可以這樣玩，他們早也舉辦全台巡迴活動。除了結合各種電視、網路部落格、小遊戲等不同管道的宣傳，讓消費者可以透過網路上或口耳相傳，對品牌有更深刻的瞭解。

實體活動

● 2010年Johnnie Walker調和工藝全台巡禮

活動時間：於2010年9月份起（最晚結束時間於明年）在全台各地陸續展開。

活動內容：進入「Johnnie Walker調和工藝巡禮」空間後，　即有專業的活動大使迎接並開始導覽。從中可快速認識各類威士忌的風味及特色、歷史更帶領民眾運用多款威士忌進行簡單調和工作，亦會獻上Johnnie Walker黑牌12年及綠牌15年蘇格蘭威士忌讓民眾品酩。

Johnnie Walker調和工藝巡禮時刻是近期主要的宣傳活動，雖然是巡迴台灣的品酒會，但是Johnnie Walker將活動會場設在人來人往的百貨公司中，打破了一般人對於品酒會無聊嚴肅的刻板印象。

本活動中，除瞭解說釀酒的材料外，還在現場擺放了各種材料和試聞杯，讓大家體驗這些味道。接著，介紹Johnnie Walker創辦人、LOGO、酒廠、酒杯、酒類等級的由來與演進。最後，教導民眾如何品嚐、調酒。

Johnnie Walker調和工藝巡禮時刻將品酒會變成一個有趣的參觀行程，除了讓民眾能夠對Johnnie Walker留下深刻印象外，也透過參與民眾的口耳相傳，建立Johnnie Walker的正面形象。

約翰走路在創造「Keep Walking」的品牌形象後，更陸續設計出打

動人心的品牌形象廣告。約翰走路Keep Walking品牌行銷的成功，不但展現了品牌價值—優良的百年製酒技術、高品質的產品、尊貴的產品形象，更強化出約翰走

路在全球蘇格蘭威士忌市場領導品牌之地位，同時也打造出品牌行銷的完美典範。

　　除了以網路配合電視廣告製造更多話題性外，也舉辦實體活動，配合「力挺你的夢想」系列廣告，透過不同管道，將品牌行銷推展到消費者所能接觸到的所有媒體。

　　Johnnie Walker與時報文教基金會在台灣共同舉辦「力挺你的夢想」夢想資助計畫，並提供總獎值高達1000萬台幣夢想資助金，藉此鼓勵台灣民眾能勇敢實踐自我夢想。參加方法簡單，只需要將夢想付諸於文字，以具體的計畫書闡述實踐計畫，將有機會獲得資金贊助，完成不凡人生的自我實現。

　　「百年來約翰走路一直扮演全球威士忌市場的指標，品牌精神一向激勵人不斷創新向前邁進，針對現代充滿自信、自我要求有型有款的都會年輕人，我們也將以走出自己無限可能為新概念傳達都會感。」帝亞吉歐分公司總裁李其英說。

● 2010年Johnnie Walker第七屆夢想資助計畫

　　前言：「Keep Walking夢想資助計畫」是Johnnie Walker很重要的公益形象策略。而每年不同的主軸，是觀察當下的社會趨勢來決定應該用什麼角度來號召逐夢者。對 Johnnie Walker來說，贊助這些逐夢者，透過和公益活動連結，除了擺脫菸酒廣告刊播限制，能在一般時段曝光，也因為抓緊了「夢想」這個高層次的精神，來操作品牌，以正向積極、克服困難的態度，讓品牌形象多了形而上的價值。

活動時間：即日起至2010年12月10日

活動內容：第七屆「Keep Walking夢想資助計畫」將以總獎金新台幣一千萬元　的「圓夢起步金」現金獎項資助由評審團選出的10位夢想實踐家。

活動辦法：至活動網站下載報名表，寫出夢想實踐計畫郵寄寄回或e-mail。

網路行銷

網站可以做為宣傳活動事件與促銷活動的管道，網站也具有宣傳公司形象的功能。Johnnie Walker不僅架設了官方網站，在夢想資助計畫上也架設獨立的網站，及王建民力挺你的夢想網站、F1賽車挑戰自我舉杯網站等，消費者都能透過這些官方網站得知訊息甚至參加抽獎活動及獲得產品或獎勵。

● 2007年Johnnie Walker「極限黑派對」

前言：Johnnie Walker自2005年開始贊助McLaren邁凱輪車隊，這次除了藉由F1平台持續傳遞「為挑戰自我舉杯，Keep Walking」不斷向

前邁進的企業精神外，亦將帶給消費者前所未有的F1新體驗。想體驗F1的疾速極限嗎？只有透過Johnnie Walker黑牌F1『極限黑派對』，讓消費者體驗Johnnie Walker黑牌及F1的魅力！

活動時間：2007/9/15高雄場，9/22台中場， 10/06台北場。

活動內容：Johnnie Walker黑牌F1「極限黑派對」現場以黑為主色調，再加上燈光等特效，營造出虛實的黑色祕境，活動中除了有豐富的熱舞、DJ表演及調酒秀之外，消費者可進入體驗艙實際感受F1的疾速刺激。此外，Johnnie Walker更邀請到名模接班人－四位「2007 Elite Model Look」最被看好新秀，

在錢帥君、王麗雅等一線名模率領下首度曝光，於活動中表演。

參加派對辦法：現場購票。

促銷

Johnnie Walker在促銷方面包括銷售促銷、抽獎活動、折價券、因應節日所推出的促銷，如中秋節推出酒禮盒、辦卡禮等。

公關

公關活動的重要性不僅是品牌知名度的建立，更可以提升企業、品牌形象，進而累積品牌資產。Johnnic Walkcr公關事件包括新聞稿

的發布、召開記者會（如王建民代言）、贊助活動（McLaren邁凱輪車隊）、舉辦多種活動（如夢想資助計畫）、熱心公益活動（如高爾夫球公益邀請賽。當日活動所得，包含貴賓報名費及慈善晚宴拍賣所得將全數捐贈給臺灣世界青年志工協會做為公益之用）。

事件行銷

　　事件行銷有助於創造企業的新聞性，引起媒體注意並報導，增加曝光機會和知名度，進而引起消費者參與或購買。例如：Johnnie Walker跨界聯名合作，推出限量潮牌聯名T恤、Johnnie Walker與捷安特首度跨界合作，打造千輛時尚摺疊腳踏車。

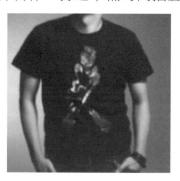

Watsons 屈臣氏

品牌介紹

屈臣氏公司的成立

　　1828年，澳門藥房為了擴大服務外國商人，決定到廣州開設廣州藥房，廣州藥房曾在1832年建造中國第一家汽水工廠。1841年直隸總督琦善擅作主張，私自割讓香港給英國，英國海軍艦隊於是順理成章地佔領香港，而廣州藥房也趁勢到香港開設香港藥房。

　　1843年，廣州藥房把汽水工廠遷至香港，而屈臣先生（Mr. Thomas Boswell Watson）則在1845年來到香港，並且在澳門住了10年，直到1855年才參與香港藥房的經營。1858年屈臣先生的姪子亞歷山大‧斯柯文‧屈臣（Alexander Skirving Watson），受聘為香港藥行的藥劑師，1860年開始正式接管藥房的生意；直到1871年屈臣氏（A. S. Watson & Company）才成為正式的商業品牌。

發展

　　1895年，屈臣氏在香港已有35家藥局，1906年，屈臣氏在香港的北角購買土地準備開發，至此屈臣氏大力擴張它在香港的事業版

圖。

　　1981年，屈臣氏正式被納入香港和記黃埔集團下的營利機構，和記黃埔是全球知名的企業集團，這個集團以香港為基地，業務遍及全球56個國家，年營業額超過100億美元，擁有港口、地產、能源、零售、通路等事業。

　　1987年屈臣氏正式在台灣開店，台灣的第一家屈臣氏開在台北市衡陽路，至2009年為止，屈臣氏在台灣的店數已有398家。

　　2008年7月9日屈臣氏推出寵i會員卡。

　　屈臣氏個人用品商店隸屬和記黃埔有限公司旗下屈臣氏集團的保健及美容品牌，是全球最大的保健及美容產品零售商，在全球34個國家1,800個城市，擁有8,600間零售商店，旗下設有20個零售品牌及18個飲品品牌，僱用超過八萬七千名員工，每星期為全球超過二千五百萬名顧客服務。

台灣屈臣氏於1987年創立，全台擁有近400間門市、超過4,000名員工並提供超過2萬項商品，每月服務顧客約500萬人次，在台灣，20—40歲女性每4位就有一位是屈臣氏常客。

屈臣氏每間店配置有專業的藥師及美容顧問、熱心的服務人員，提供顧客最方便、最齊全、最專業的個人藥妝商品購物選擇。

在香港，屈臣氏主要競爭對手是萬寧藥房，而在台灣的主要競爭對手為統一集團旗下的康是美藥妝店。

整合行銷案例介紹

● 拍攝眾多電視廣告及藝人代言：

小S代言開架化妝品：

找來人氣偶像羅志祥拍下衛生棉廣告：

週年慶時推出「人氣饅頭」玩偶吸引消費者：

打出「購買商品14天內退換貨」服務：

● 舉辦許多行銷活動：

→ 時常推出門市優惠活動：

ex. 2010/ 04/29～05/09時所推出的活動

活動訊息：

全店購物消費滿2000送200現金抵用券

含專櫃 但不含 維骨力 薇姿 戀愛魔鏡 抽取式衛生紙 奶粉 尿布 買一送一除外

寵愛點數狂飆六倍 點數將於活動結束後 14 天後入帳

護膚商品買388 送 歐蕾新生高效緊緻霜

護膚商品買 688 送雅漾清爽潔膚凝膠 等

配合季節做行銷：

6/23～7/07屈臣氏推出「夏狂賣」活動，全店滿$500送$100購物券相當於8折，而且不分品類、品牌，合併計算，再加上許多一線品牌的9折活動，合算起來等同72折，這是有史以來最大手筆滿額送促銷活動。

→ 以「一定要屈臣氏」這樣記憶點強的口號做行銷；舉辦和民眾有互動性的活動；豐富的獎品吸引民眾參加。

→ 舉辦屈臣氏健康美麗頂尖之星大賽；為自身形象加分！屈臣氏已具有質感、清新、便利快速的品牌形象，在個人零售市場獨樹一格，希望透過選秀活動，不斷與消費者溝通並強化品牌印象及好感度。（利用Yahoo!行銷平台做推廣）

● 推出「寵i會員卡」

成為會員後；一元積一點；每滿300點就能扣除一元。並且可享週六會員日；點數六倍狂飆等眾多優惠。不定期以email 或簡訊通知優惠活動。

● 推出「Style W 屈臣氏時尚誌」

愛美的女性喜愛購入雜誌，屈臣氏推出自身品牌的雜誌；每刊雜誌會找當下當紅的女藝人合作；拍封面、分享自身愛美經驗等吸引消費者；而雜誌內含許多品牌優惠內容；吸引消費者之餘更為屈臣氏自身加分！

「加一元、多一件」策略：

屬於一種「無料行銷」的方式，所謂無料行銷：

0元行銷正在顛覆消費者過去「花錢」買東西的遊戲規則，也讓賣家重新定義競爭者。別蓮蒂表示，0元競爭所帶來的衝擊，不只是原先既有的競爭者，也會衝擊到有連帶關係的產業，形成新的隱形競爭。

舉例，統一超商推免費Kitty磁鐵，就不只衝擊到全家、萊爾富、OK、福客多等便利商店同業，也會對頂好、惠康等量販超市造成影響。另外，她指出，當資訊賣場或汽車廠商推出分期0利率的優惠時，也可能間接衝擊到銀行業者的生意。

而受到0元的刺激，消費者心中的天秤，過去拿來衡量的法碼也已經不適用。以印表機為例，現在經常被當作購買電腦時的免費贈品，但墨水匣的售價卻還維持高檔，這讓消費者每次在更換墨水匣時，甚至想要直接換一台印表機，因為這樣都可能比較划算。

0元消費力量正不斷崛起，單次的消費關係已不能滿足廠商的慾望，透過0元行銷的力量，廠商希冀的是與消費者發展成一輩子的關係，但消費者願意嗎？免費雖然可以大小通吃，但也可能讓廠商白花冤枉錢。如何擅用0元行銷，精準掌握目標客戶群，才是0元行銷的最高招。

「買了後悔、14天二話不說退換貨」

屈臣氏宣布「150項基本款民生用品，降價不回頭」，挑戰市場最低價；同時首創「14天鑑賞期」制度。

「眾多商品只要加1元，就多1件！」

這個活動的廣告，是以知名藝人對一塊錢的重視，表示用一塊錢在屈臣氏還可以再多買一件東西。

在屈臣氏購物每張發票金額滿399元（不含專櫃化妝品），可免費獲得好運饅頭公仔乙款。

屈臣氏的行銷手法都利用廣告，給消費者一種簡單又便宜的感覺。在這些行銷活動推出後，無論是否活動上面有無漏洞，消費者罵歸罵，但這些低價廣告之後，屈臣氏日用品的業績數字卻成長了三成。為什麼會有這樣的效果呢？屈臣氏利用全台有兩百多家的行銷點、貨量大、低成本的優勢，假定競爭對手無法和自己有一樣的優勢打低價戰，所以達到掠奪市場的效果，同時也在消費者心中贏得最低價的形象。

可口可樂

品牌介紹

　　可口可樂是全球最大的飲料公司，擁有全球48％市場佔有率，不僅如此，更佔了全球三大飲料中的兩名（排行第一的是可口可樂，其次是百事可樂，低熱量可口可樂則排行於第三名），可口可樂在200項飲料產品中擁有160 項飲料品牌，是有可樂、汽水，更包括了運動飲料、乳製飲品、果汁、茶類以及咖啡，在果汁類也是全球最大的經銷商。

　　「可口可樂公司」於1892年成立，旗下的產品除了可口可樂之外，還有芬達、雪碧、Qoo（酷兒）果汁系列、好茶作、雀巢檸檬茶、水瓶座運動飲料、夏泉果汁、水森活逆滲透純水、皇廷薑汁汽水等。其中可口可樂飲料征服了全球三分之二人類的渴望，縱橫於世界650種語言地區，市場版圖跨越五大洲，每秒生產 9600瓶，日銷量高達10億瓶的國際頂尖軟性飲料之一，憑藉其強大運動行銷威力及生產系統，創下全球每日銷售10億瓶銷售佳績，且每年以6％～8％的成長率持續擴展中。

整合行銷案例介紹

世界性活動合作

2010年南非世界盃主題曲（旗幟飄揚）把可口可樂品牌與年輕消費者的關注 — 足球和流行音樂聯繫在一起。這首歌加入可口可樂廣告旋律並且也是可口樂可樂有史以來最大行銷的主打歌，這場活動涉及160個國家並一首歌與行銷活動聯繫到了一起，帶領大家一同和可口可樂前進FIFA，達到與全世界共襄盛舉的世足效應。

名人效應

2011年與張惠妹合作，籌辦了「可口可樂2011 music快樂唱開」活動，只要買可口可樂系列任何一商品，憑發票碼即能參與演唱會門票的抽獎活動。張惠妹為台灣區可口可樂代言人，並在專輯MV「快樂唱開」中加入可口可樂之相關商品，達到置入性行銷手法。更設置了「可口可樂」特別版，於歌與開頭加入可口可樂廣告旋律。

公益活動中提升品牌形象

● 2010年12月舉辦「可口可樂」「一塊」當聖誕好人公益活動。邀請張惠妹當代言人，領軍做公益。並和國內七家重量級連鎖通路商，大潤發、好市多、全聯、松青、頂好、家樂福與愛買攜手合作。凡在上述通路門市，購買「可口可樂」、「雪碧」和「芬達」系列，將與通路夥伴及代替民眾每一罐捐出新台幣一元，做為中華基督教救助協會所資助的小朋友聖誕禮物基金。

● 「公益結合時尚」

可口可樂結合Abruzzo Charity地震公益企畫，找來了八位女性設

計師的精品品牌，來設計特別瓶身。將可口可樂標準玻璃瓶罐，變成高約一人高，包裹塑料外包裝，像是穿上服飾，以Catwalk的形式展示。展覽後的慈善拍賣所得收益將捐獻給慈善機構。

與超商通路合作

　　全家便利商店跨越日本、韓國、台灣、泰國、中國和美國，全數店數已達15000店！慶祝「全家」家族達15000店，各國展開跨國行銷，結合可口可樂，換上「全家日」包裝，並以其人氣最旺的「快樂工廠」，設計場景公仔，推出「全家」顧客獨享活動。1.凡購買可口可樂「２入版」可獲一支公仔。以增加買氣。

網路互動平台

　　為了迎接e世紀的來臨，可口可樂在台灣的專屬網http://www.coca-cola.com.tw/ 於2000年6月正式成立。除了提供一個與消費者互動交流的平台外，也扮演著傳達「可口可樂」形象與文化的重要腳色。2007年3月成立iCoke網站http://www.icoke.com.tw/iCoke/index.html 首創台灣界集點機制，建立與消費著更密切的互動平台。

「可口可樂」贊助北京奧運

● 「可口可樂」推出多系列奧運紀念罐。北京奧運會限量版包裝、七款可口可樂奧運城市紀念新裝、海南三雅勝火傳遞紀念包裝產品、2006年可口可樂馬拉松紀念瓶。紀念瓶將吸引對可口可樂有品牌忠誠度的消費者，將對「可口可樂」有更大的依賴。

● 奧運會和殘奧會期間，每一名來到奧運村「可口可樂」紀念章交換中心的運動員、官員都可以憑證件領取到一件由「可口可樂」PET

塑膠瓶回收再生材料製成的T恤衫。

● 在奧運會期間，可口可樂將誠邀各界嘉賓親臨現場為中國體育健兒喝采。此外，可口可樂奧運暢爽地帶每天都會呈現一系列互動節目。

● 賣場加強陳列：可口可樂並不會在北京給對手任何機會。奧運村周邊和CBD地區的幾個大型商超，除了可口可樂冠名製作的奧運賽事日程表在很多超市陳列之外，堆頭、端架等優勢的陳列位置也都是可口可樂控制著，超市裡可口可樂系列產品的陳列面要超過百事可樂3倍以上。

● 密集公關新聞的曝光：
事實上，奧運經濟是一種注意力經濟，奧運行銷的成敗也在於能否成功地吸引到注意力，不管怎麼樣，擴大曝光面就意味著加大了消費者看到你的機會。正因如此，「奧運會期間，在奧運村內外，可口可樂幾乎每天都會有一個新聞發布會，有時候一天兩個」。如此高強度的公關傳播也有效保證了可口可樂的曝光度。

● 麥當勞與可口可樂合作，推奧運限定套餐商品
麥當勞、可口可樂全球兩大奧運合作廠商推出奧運限定套餐商品。麥當勞做為奧運合作夥伴已超過四十年，以「活力均衡生活態度」配合奧運推出系列活動。可口可樂2008奧運限定版「經典曲線杯」這次藉由奧運限定套餐與曲線瓶的結合，表達對奧運的支持。

● 從舉辦紀念章交換、推出限量紀念瓶，加上支持綠色奧運，充分表達可口可樂想要與奧運緊密結合的企圖心；另外，可口可樂也與國際奧委會再度簽署合作協議，雙方合作關係將延長至2020年。廖克琪表示，可口可樂贊助奧運的同時，也將品牌結合了奧運主張的

追求完美、和平競爭等精神，傳遞給可口可樂的消費者，對品牌來說，無疑是非常正向、強化的力量。

關於音樂類型的活動

音樂是世界的共通語言，也是年輕人最喜歡的娛樂之一。

為了更接近年輕族群，「可口可樂」長年舉辦與音樂相關的活動。一方面藉著舉辦音樂舞蹈比賽讓有敢秀的青年讓他們創造出自己的舞台。1994年開始舉辦了3年的勁舞大賽，也舉辦了數次的校園演唱會。近年來，「可口可樂」更推陳出新辦了更多更炫更high的音樂活動，「可口可樂夏日墾丁海洋音樂祭」、紅色聖誕熊搖擺演唱會……等，樹立了新型的演唱會形態，清新另類的的表演獲得更多年輕人的熱愛及支持。

關於運動類型的活動

從奧運到足球，從籃球到網球到各項國際運動項目，「可口可樂」一直是體育活動的主要贊助企業。以全球活動來說「可口可樂」是奧林匹克運動會自1928年來 全世界贊助奧運最久的企業。

「可口可樂」不只參與國際性活動，也更積極參與國內的體育活動，2001年舉辦了「『可口可樂』2001國際奧林匹克路跑」透過馬英九市長與市民間的互動，希望讓平常不太運動的人也可以學習良好的健身習慣，訓練持久的耐力跟強健的體魄。

另外足球活動也是「可口可樂」長期參與活動之一，在台

灣透過中華台北足球協會的合作舉辦了許多有關足球的活動。「臨門一腳」以及世界足球總會合辦的相關活動。還有「可口可樂」也致力推廣台灣最受歡迎的棒球及籃球，所涉及的運動是非常的廣泛。

公益方面的活動

「可口可樂」在台灣參與了許多慈善活動，協助籌募善款，幫助許多弱勢團體。1992年921大地震造成全台傷亡慘重，「可口可樂」全體員工加入相關的賑災活動，除了深入災區送上萬箱的水及飲料，並捐出新台幣500萬元給教育部，做為重建災區學校購買電腦及重建心靈的經費。

最近的活動是2010年11月15日起至2010年12月15日止，「可口可樂」和國內七家重量級的連鎖通路商，大潤發、好市多、全聯、松青、頂好、家樂福與愛買合作，舉辦一塊當聖誕好人公益活動，只要在上述通路門市，購買「可口可樂」、「雪碧」和「芬達」系列2公升或330毫升六入裝易開罐，「可口可樂」將與通路廠商代替民眾每一瓶捐出新台幣1元，做為中華基督教救助協會所資助的小朋友聖誕禮物基金，讓小朋友度過一個溫馨分享的聖誕節。

環境保護類的活動

秉承建設永續社區的理念，「可口可樂」公司專注於保護環境、節約資源和推進業務經營所在社區之經濟發展的計畫。83個國家的2,700座城市、市鎮、自治區準備關燈一小時，這使2009年「地球

一小時」活動成為歷史上最大規模的氣候公益活動，個人、企業、政府機構、學校、社區組織，以實際採取行動解決全球暖化問題。

「可口可樂」在美國紐約時代廣場、拉斯維加斯大道夢幻金殿大酒店樓頂的一些標誌性看板到時將關閉燈光。可口可樂的其他一些著名發光標識牌和看板屆時也將關燈。可口可樂公司還以廣播、電影院、電視和平面媒體廣告的形式，在各類市場協助宣傳「地球一小時」活動。可口可樂公司捐資近300,000美元，用於「地球一小時」活動的公益廣告宣傳；在活動開始前的兩週內，廣告每天在197個以上的市場播放超過500萬次。

讓大家能再度重視到環保議題而且透過網路媒體遍及全球使這項活動能更具規模及有意義。

廣告、贈品促銷

可口可樂業績步步高升，即使是一八九三年在全國性大蕭條下也達到48427加侖，他們一致認為功在廣告。公司第一年的報告顯示，在製造成本上花了將近兩萬五千五百元，廣告費用花了一萬一千四百元。公司的廣告預算主要花在賣場看板、日曆、新奇贈品和報紙廣告，所有的媒體全部秀出「可口可樂」的字樣。

試飲券的促銷手法

一八九四年，免費的試飲券開始發行。

為了拓展新事業，推銷員向藥商索取一百名常客的姓名和地址，把試飲招待券和廣告信寄上，當蘇打水店接到所訂購的可口可樂和賣場廣告時，這些潛在的客戶剛好收到信，而上門試飲。這是建立新銷

售通路十分有效的管道。

銷售促進策略與管理

● 結合廣告或公關事件：

　　可口可樂常常會通過改變包裝形象來配合自身的廣告或公關活動，從而使品牌傳播效果達到最優化。

● 結合本土化運營策略，設計頗具中國文化特色的產品包裝：

　　可口可樂為了推廣其本土化的品牌形象，特別推出了深具中國民族特色的泥娃娃「阿福」形象的產品包裝，在熱鬧非凡的新年市場上顯得越發親切醒目。其次是另一款帶有中國12生肖主題包裝的 CAN，這是在一套12罐裝的可口可樂包裝上，分別印有可愛生動的12生肖卡通形象設計，包括「柔道虎」、「魔術蛇」、「正義狗」等頗具個性的生肖形象。他標示著可口可樂首次在全球運用中國文化，設計出了具有濃鬱本土特色並極具收藏價值的紀念性包裝。

● 圍繞促銷策略：

　　可口可樂會配合自身的促銷策略，推出不同容量的產品包裝，用以搶佔市場先機，領先於競爭對手。例如：2002年第9屆全運會期間，可口可樂率先向市場推出了容量分別為1.5公升和2.25公升促銷裝（加量不加價）的可口可樂、雪碧和芬達產品。雖然競爭對手也立刻相應地向市場推出了相同容量包裝的產品，但是競爭對手產品上市的時間比可口可樂慢了半個月左右的時間，同時又因為競爭對手在售點管理、鋪貨等方面與可口可樂相比又比較薄弱，所以當其加量產

品在市場銷售的時候，可口可樂的第一批加量產品已經差不多銷售完畢。競爭對手的被動跟進，在沒有周詳計畫的情況下就向市場推出了加量產品，結果造成了原來1.25公升和2公升產品的積壓。

急凍凝冰

可口可樂首次以「急凍凝冰」概念，推出「可口可樂急凍凝冰」自動販賣機販售，開瓶可讓「可口可樂」瞬間從液體變成冰沙！ 為歡慶產品於台正式上市，「可口可樂」提供免費新品試飲，同時號召民眾參加「急凍西門町大行動」，和北極熊一起搞怪避暑、Frozen@西門町 。

在活動期間2010年4月17日（六）13：30～14：30 （每30分鐘一場次）於西門町捷運6號出口前廣場，最新商品「可口可樂急凍凝冰」免費喝，每場限量170名，三場共510個名額（每人限換一瓶）的優惠，現場自由參加（每場次數 量有限，換完為止）

可口可樂急凍凝冰

● 公關

由於產品的創意夠吸睛，可口可樂一開始就很清楚他們不需要花費太多預算在電視廣告上，只要運用公關活動就能達到一定的曝光量。在急凍凝冰四月初上市時，先跟東森、TVBS等新聞台接觸，進行獨家報導，在新聞當中，也請物理老師詳細解說結冰的原理，甚至進一步說明該如何製作，操作第一波宣傳，打開知名度。

接著，在4月17日新品上市的當天，在台北市捷運西門站6號出口的廣場旁，開放消費者試喝，並且號召近百位民眾，舉行「急凍快閃活動」，藉此凸顯急凍凝冰的產品力。其活動最有趣的地方在，原本走在西門町街上的男男女女，有人跳舞、有人正撿拾掉下的包包，當「急凍口號」一下，這些人全部靜止不動，時間長達兩分鐘，與不斷走動的人呈現強大對比，立即引起許多民眾圍觀拍照。

這次活動結束後，包括幾個主流的新聞媒體露出，一共創下新台幣1,400萬的媒體效益。最重要的是，離上市時間到活動當天僅有兩個禮拜，就吸引到600人參與試喝。

● 口碑行銷

在電視媒體上的宣傳還不夠，可口可樂還有與擁有5萬會員的美食評論網站－「愛評網」合作，先以「獨家揪團」募集100個在4月17日新品上市試喝的網友；再來，則跟地圖功能結合，標示出全台灣有哪些地點擺設急凍凝冰販售機，方便網友找到離自己家最近的據點。

這些被邀請試喝的網友不僅參加試喝而已，還得撰寫250字左右，並附上三篇照片的心得。由於愛評網並不限制網友只能發表正面

評論，而是開放自由評論，代表裡面也會有對商品的抱怨跟批評。愛評網業務總監陳易成認為，正反並陳的心得文，會使得這些內容更具公信力。

充滿創意的商品特色、有趣的活動操作，再加上愛評網的社群操作，使回來發表心得的人高達八成，等於可口可樂在網路上也建立起網路口碑。

活動可分為兩部分，一是與東森、TVBS合作製作獨家報導，並在捷運西門站舉行「急凍快閃活動」的部分，二是與愛評網合作，讓參加的網友做試喝以及分享心得。

首先，先與東森、TVBS合作製作獨家報導，可口可樂公司透過新聞媒體來操作第一波宣傳，打開知名度，是運用到事件行銷當中「接受媒體訪問」的方法，由接受訪問的方式，將公眾的注意力轉移至「急凍凝冰」可樂身上。

再來，在捷運西門站舉辦「急凍快閃活動」，現場開放民眾試喝，號召近百位民眾參與活動，其活動最有趣的地方在原本走在西門町街上的男男女女，當「急動口號」一下，全部參與活動的民眾全部都靜止不動，時間長達兩分鐘，跟不斷走動的路人形成對比，引起許多民眾圍觀拍照，引起民眾的關注，也吸引到媒體記者爭相捕捉畫面，爭取到媒體曝光量，也可說是運用到另一種事件行銷的手法。

最後，也與美食評論網站－「愛評網」合作，以「獨家揪團」募集100個在4月17號新品上市試喝的網友，在試喝之後，寫下250字左右並附上三篇照片的體驗心得，讓試喝的網友透過體驗行銷策略中的「感官式行銷策略」來引發消費者購買的動機，也可以讓未參與次喝的網友透過體驗心得來引發消費慾望，同時也建立起網路口碑，將可口可樂創意形象擴散出去。

星巴克

品牌介紹

● 統一星巴克的歷史

　　統一星巴克股份有限公司於1998年1月1日正式成立，是由美國Starbucks Coffee International公司與台灣統一集團旗下統一企業、統一超商三家公司合資成立，共同在台灣開設經營Starbucks Coffee門市。

　　從原產地的一株咖啡樹，最終成為送到手中的一杯咖啡，這段旅程，為咖啡的故事做了最佳的註解。它同時也塑造出咖啡家族的獨特風味及口感特性。閱讀咖啡的故事，可以讓您更瞭解咖啡，豐富您的咖啡體驗。

　　美國Starbucks Coffee International公司為全球第一大的咖啡零售業者Starbucks Coffee Company之經營授權公司；Starbucks Coffee Company總裁霍華・蕭茲先生經營咖啡事業著重在人文特質與品質堅持，強調尊重顧客與員工，並堅持採購全球最好的咖啡豆烘焙製作，提供消費者最佳的咖啡產品與最舒適的消費場所，經營 Starbucks Coffee成為當今全球精品咖啡領導品牌，備受國際學者專家推崇，譽為「咖啡王國傳奇」。

成立於1978年的統一超商則是台灣目前最大的連鎖便利商店體系，直營及加盟店總數超過四千家。旗下的轉投資企業同樣枝葉茂盛，包括物流、藥品、清潔用品、藥妝百貨、企管顧問、文化出版、以及統一星巴克、上海統一星巴克兩個咖啡飲料零售公司。

● 星巴克名稱的由來

星巴克（Starbucks）於1971年創立於美國西雅圖的派克市場。而它的命名是以赫曼‧梅維爾在《白鯨記》一書著作中的大副之名（Starbuck）而命名的。那位冷靜又愛喝咖啡的大副史塔巴克，這個名字讓人連想到海上冒險故事，也讓人憶起早年咖啡商人走遍各地尋找好咖啡的傳統。

整合行銷案例介紹

新產品「VIA」介紹

咖啡再起新革命 從現煮延伸到即溶

統一星巴克「VIA」超微細即溶 帶給全民不可置信的咖啡奇享

2011年台灣咖啡市場再掀新革命！台灣現煮咖啡獨佔鰲頭，即溶咖啡市場微幅成長，為更快速擴展星巴克體驗，精品咖啡領導品牌—統一星巴克正式宣告切入即溶咖啡市場。強調採用獨家超微細研磨技術（micro ground）的即溶咖啡「VIA」，採用100％阿拉比卡咖啡豆，在研發

20年的技術下，保留香氣及風味，沖泡後猶如現煮咖啡一般香醇。「VIA」共有「義大利烘焙」與「哥倫比亞」兩種風味，簡單加入熱水，不需任何咖啡器具，即可輕鬆享用。

　　「VIA」原拉丁文，意思指「道路」或「從一個地方到另一個地方」，象徵打破時間與空間限制，讓咖啡愛好者不論在飛行旅途、登山健行等各種時刻，能隨時隨地品嚐到星巴克的高品質咖啡。自2009年於美國上市後，陸續在加拿大、英國、日本、菲律賓引發銷售熱潮，推出至今，「VIA」在全球已創下1.35億美元業績，光是在日本推出5個月後即銷售出1千萬包，可見得受歡迎程度。

　　「VIA」為原汁原味的呈現出如同在星巴克門市現煮的咖啡風味，星巴克研發團隊歷經20年的創新改革，採用符合星巴克共愛地球採購原則的100％阿拉比卡咖啡豆，以獨家的超微細研磨技術（micro ground）製成。「VIA」完全天然，不添加任何化學成分，每一顆極細緻的小粉末都可視為是一顆咖啡豆，只要以1包「VIA」加上180ml的熱水，簡單一個動作即可輕鬆享用如同現煮咖啡般的濃醇風味。

新產品「VIA」活動介紹

● VIA行動咖啡館奇享旅程

　　活動日期：2011/4/6～2011/5/8

　　活動內容：統一星巴克行動咖啡館也完成改裝，全新打造的「VIA行動咖啡館」將前往不同的區域，提供驚喜的咖啡奇享體驗，在出車活動現場還有機會獲得VIA嚐鮮包一包和優惠卡。請隨時留意統一星巴克官網與Facebook統一星巴克同好會，掌握VIA咖啡車下一站的第一手消息！

「VIA行動咖啡館」將在4月6日中午12點於星巴克統豐門市宣告出發！4月底前將會在台北美麗華百貨、板橋遠東百貨、內湖科學園區及花博園區等地點與您見面！

● **VIA驚喜抽抽樂**

活動日期：2011/4/16～2011/4/25

活動辦法：凡於活動期間內，在全台星巴克門市單筆消費折扣後滿200元，並內含任一筆VIA相關商品即可參加抽抽樂活動，獲得驚喜好禮（每張發票限抽獎乙次）。

花博合作：

綠色星光環保活動：響應綠色環保只要攜帶可重複使用的水杯就可以免費享用一杯每日精選美式咖啡。

星巴克花樣護照集點活動：隨著台北國際花卉博覽會開幕，星巴克推出了「花樣護照」共襄盛舉。在花博舉辦期間，集滿護照中的6格獎章後將可以參加抽獎的活動。

「花樣護照」的取得方式：在門市消費滿100元，加價50元就可以得到。

6項集章體驗活動如下：

● 活動期間內至花博園區星巴克門市（圓山或新生）不限消費金額一次即可蓋章。

● 活動期間內至全台星巴克門市購買任一有花朵圖案的糕點或包裝食品一個即可蓋章。

- 活動期間內至全台星巴克門市購買任一附有花樣小卡的隨行杯或馬克杯一個即可蓋章。
- 活動期間內至全台星巴克持可重複使用材質之杯子一個消費即可蓋章。
- 活動期間內至全台星巴克門市購買任一在地茶飲料一杯即可蓋章。
- 活動期間內至全台星巴克門市購買任一size香草密斯朵一杯即可蓋章（每日AM11：00以前提供）。

綠色星光環保活動人潮

綠色星光環保活動廣告

星巴克花樣護照集點活動相關截圖　　　　　花樣護照

星巴克募款活動：

為了響應日本311震災而舉辦的募款救援活動，星巴克除了在香港地區進行咖啡義賣的活動之外，在馬來西亞有進行定點募款的活動，透過咖啡義賣以及定點募款的方式將愛送到日本的災區，讓日本能夠快速的重建家園。將愛送到日本。

香港義賣咖啡廣告

在2004年，透過Make Your Mark的活動，星巴克的夥伴與顧客們一起參與各項志工服務，並投入了超過200,000小時的志工服務時數。而Make Your Mark這個活動對服務的志工服務時數提供對等的捐款金額給指定的非營利公益慈善或社會組織（10美元/每小時服務、最高上限1,000美元／每個活動 ）。在去年，星巴克透過Make Your Mark活動的推廣與執行一共捐出了超過800,000美元給不同的非營利機構。

為有效減少對環境的影響，星巴克將其努力注重在3個環境保護部分上，這包括：

● 咖啡來源、茶和紙張使用。

● 產品和人員運輸。

● 門市設計和營運方式（電力和水資源、廢物回收與處理）。

在2004年，星巴克在各環保活動上的推廣與努力獲得了外界的肯定，並在西雅圖當地的社區受贈第一個「Enviro—Stars Recognized Leader Award」（優良環境保護領導人獎）。

經過長期與持續的經營，星巴克已逐漸在各咖啡與茶的產區與當地社會與福利單位建立起良好的關係，並創造出Conservation Coffee Alliance （保護咖啡聯盟）。此聯盟的成立目的是計畫協助推廣咖啡產業中對環境保護具有敏感度、責任感與經濟貢獻的私營事業體，以改善小規模咖啡農莊的生活與營運狀況。

在2005年，星巴克受邀參與全球環保中心的年度會議典禮，並受獎「21st Annual Gold Medal for International Corporate Achievement Sustainable Development」（第21屆國際企業持續發展優良表現的金牌獎）。此獎項肯定了星巴克在咖啡相關發展與C.A.F.E. 咖啡農公正平衡機制（針對環境、社會與經濟3大項目的咖啡豆審核與採購規範）。透過與Conservation International的合作設計，C.A.F.E.機制提供一套以咖啡品質、環境保育與供應鏈透明化為核心重點的咖啡農共同獲益關係推廣的完整機制。台灣統一星巴克入選為2005年十大社會公民責任公司。

● 定期講堂講座：

星巴克定期的推出許多各式各樣的講座系列。除了咖啡的知識之外，還有歷史經典的講堂系列、地球環境保護等等。

● **服務態度：**

　　顧客進門的同時在十秒鐘之內店員就要眼神第一次接觸，如果有人打翻了東西要馬上幫忙清理，而且還要告訴顧客沒關係，而且員工有服裝上的規定，身上也不能刺青，而且還要保持輕鬆愉快的心情才能煮出好的咖啡。

● **共愛地球活動：**

　　因應現在全球綠化趨勢，星巴克推出了全球共愛活動，以減少對環境的污染和地球暖化的傷害。例如鼓勵大眾使用隨行杯，隨行杯使用的是環保的素材，並減少垃圾量；使用印製在隨行杯上的圖騰和文字使用的是環保大豆油墨；選購低污染、省能資源、可回收的環保產品；將剩餘的咖啡渣做為天然的肥料。

網路互動

　　網路行銷主要的優勢就是成本低廉，提供詳細的資訊以及某種程度的客制化。藉由其互動的本質，建立起穩固的顧客關係。

● **統一星巴克咖啡同好會**

　　希望在此虛擬空間裡與廣大的大眾接觸。利用這個免費的熱門平台，在上面除了可以使目標族群／線上焦點群體更能集中之外，還能在臉書發布網上互動廣告／資訊，且粉絲們隨著最新動態的更新瀏覽，也能在發布的訊息下留言，管理人員也能夠做即時的回覆，以達更直接有效率的溝通。除此粉絲可以選擇性的對發布的訊息按讚，更甚者是將資訊分享到他的塗鴉牆，讓更多人看見，資訊的曝光就如網狀的發展一樣。

目前統一星巴克的臉書粉絲人數已達到六十幾萬人！

直接顧客行銷

　　使用郵件、網路、電話及其他非人際接觸工具與特定潛在顧客溝通。其中，逐漸受到矚目的溝通方式是資訊式廣告，結合教育性資訊和娛樂性資訊的商業廣告銷售。

● 統一星巴克電子報

（圖為星巴克近期推出的母親節電子報，訊息為新蛋糕發售與預購）

聯合品牌行銷

　　與世界展望會共同舉辦「原住星希望」之公益活動，迄今已十幾年之久。

　　統一星巴克總經理—徐光宇先生曾在真情部落格的節目上說過：

公益活動上是不遺餘力在做的，他們關心原住民，特別是兒童教育工作，透過門市和活動募款與世界展望會合作，在花蓮南投各地的部落蓋了一些教室和球場，更重要的是鼓舞一些夥伴（他喜歡稱員工為夥伴，感覺更親切與同舟共濟）、義工去陪讀，募款而來的金錢幫助原住民小朋友就學繳學費，希望他們受教育後長大可以找到好工作。與世界展望會成果發表會中，

曾經受資助的小孩有大學畢業的了，也有人到星巴克打工，讓他感到很欣慰。（2008）

促銷

在面對眾多競爭對手打出平價享受，星巴克相較於他們消費的確比較高一點，在面對市場競爭，星巴克透過與自家統一超商進行集點活動促銷，買一送一，以期衝高銷售業績。現在則是憑著ｉｂｏｎ票根，可至全省星巴克門市購買任兩杯咖啡，其中一杯星巴克請客。

有些時候星巴克也會搭著一些節日的順風車，來進行促銷的活動，因此某些節日到了，在星巴克的門市總可以看到一堆顧客大排長龍，跟平日相比起來差距頗多。此舉也可以吸引一些平常認為消費星巴克是一件需要付出較多花費的精算型的消費者或是學生族群，更是吸引他們前往購買。

海尼根

品牌介紹

　　海尼根台灣隸屬於荷商海尼根集團（Heineken N.V.），海尼根啤酒創始於十九世紀，由哲雷‧海尼根先生（Mr. Gerard Adraan Heineken）在荷蘭阿姆斯特丹創建。一開始就致力於提高海尼根啤酒的品質與風味，塑造其為高品質啤酒的產品形象。海尼根啤酒之所以能如此國際化，不外乎本國市場容納量小及發展策略的影響。

　　在1894年海尼根啤酒就開始出口到美國，之後也進軍非洲、亞洲、歐洲和澳洲。到1950年代時，海尼根啤酒已經有50％以上的產量屬於外銷。一百多年來在海尼根三代家族的經營下，已是全球知名的啤酒廠商，銷往全世界170餘國，在50多個國家有自己的工廠，每年暢銷85億瓶。

整合行銷案例介紹

廣告

　　海尼根啤酒以「全球化消費者文化定位」做為全球性行銷策略，透過一貫的幽默創新的表現方式傳達訊息，使消費者產生品牌認同

感。對於啤酒廣告，海尼根品牌暨業務經理吳建甫認為：「啤酒廣告就是fun, entertainment，讓消費者看了之後笑一笑，喜歡這個品牌，目的就達到了。」吳建甫更進一步說明：「海尼根的廣告都會經過測試，內容符合品牌全球性的行銷標準，是為了拍出要讓全世界的人都懂的廣告。」

● 海尼根啤酒廣告案例：識貨（2004）

一名男子在大賣場裡準備結帳，發現排在後面的人買了兩手海尼根啤酒，於是耍詐將其中一手海尼根啤酒據為己有。

廣告在大賣場中拍攝，表現出海尼根啤酒不是昂貴或一般民眾負擔不起的酒類，而是貼近民眾生活的產品，屬於低權力距離的廣告呈現。符合海尼根啤酒的「貼近消費者」核心。

● 海尼根啤酒廣告案例：見好就收（2007）

酒吧的聚會中，一位先生向酒保表示要一瓶海尼根啤酒，而啤酒在傳遞的過程中被另一位人士掉包，表示海尼根的魅力無法抵抗，使人不得不用心機滿足口腹之慾，而收到其他品牌啤酒的先生則流露出狐疑不滿的表情。

對於喝啤酒這件事，品牌的選擇是有所堅持的，並且凸顯個人的獨特品味和強調自我意識。符合海尼根啤酒的「高品質」核心，在品質與品牌上，就是要海尼根。

● 海尼根啤酒廣告案例：愛，不釋手（2008）

魔術師在一場聚會表演，發現其中一位觀眾拿著海尼根啤酒，於

是走向他，想要拿那瓶啤酒，但是觀眾不肯讓出手中的啤酒。於是魔術師把這位觀眾催眠，伸手過去拿海尼根，結果發現觀眾手中的啤酒仍被緊握住，經催眠之後魔術師還是沒輒。

低調的幽默是海尼根啤酒廣告的一貫方式，這則廣告沒有對白，僅有背景音樂，每個角色的臉部表情和肢體動作，使用高文化語境的意象傳達，但卻能讓閱聽人心神領會什麼叫做「愛，不釋手」。

根據上述三則廣告，海尼根啤酒的電視廣告表現，都是溫和、幽默、重視生活品質以及和諧愉悅的氣氛；休閒愜意的生活化畫面，貼近消費者心理。此外，廣告所要傳達的理念也非常清楚，給閱聽人「選擇啤酒，就是要海尼根！」的訊息，也藉由廣告成功的經營海尼根的品牌形象與理念，令人印象深刻。如同吳建甫所說的，好的廣告是要傳遞品牌獨特的個性，並透過簡單地陳述將品牌訊息傳送給大眾，也是海尼根秉持的精神。

戶外廣告活動－2009冰封體驗車

海尼根行銷總監蘇立人表示，一般消費者都知道「就是要海尼根」這個廣告金句。但當一旦被問到，為什麼「就是要海尼根」時，通常答不出來。因此，有了Extra Cold冰封體驗車的活動產生，就是要讓消費者體驗在-8度的環境下，喝著冰封海尼根啤酒的快感。因為海尼根在這樣的低溫下，會有其他啤酒趕不上的刺激口感，這才能說明「就是要海尼根」的原因。

Extra Cold冰封體驗車的宣傳活動如下：

● 11月30日在台北街頭製作的戶外冰封公車亭、冰凍路人的廣告活動（如下圖所示）。

● 聯絡媒體朋友，做話題追蹤報導。

● 電視系列廣告（共五支）、車體廣告，做活動訊息播送。

● 在網路上配合官網，利用關鍵字「冰封體驗」搜尋。

● 結合通路，做六瓶（一手）啤酒加送冰封體驗車模型的促銷活動。

● 配合活動在12月17日召開冰封體驗記者會，使活動達到高潮。

　　電視廣告主要目的在於為整個活動傳播訊息，並且把冰封體驗的感覺先帶給消費者。Extra Cold冰封體驗車系列廣告共五支，其內容如下：

海尼根冰封體驗車初次現身篇、持續追蹤篇、終於追到篇（2009）

　　李奧貝納安排了一位國外演員，扮演以「HNN」得名的電視台記者，這位記者為了採訪以冰封體驗卡車（Extra Cold Truck）為主軸的活動，不斷追蹤報導。他三番兩次在車子路過的地方，埋伏等待，但每次都被冰封卡車帶來的暴風雪吹得東倒西歪，而功敗垂成。經過不斷努力，這位記者終於進入車廂內，體驗了零下-8度的冰封快感。不過這其中還有一個容易被容忽略的角色，那就是跟著他一起追蹤報導的攝影記者，廣告裡安排了有趣的對手戲。

　　這個廣告創意也將延伸到現實世界，在12月17日那天，冰封體驗車將現身中正紀念堂，屆時這位HNN記者，也將會為這個活動拉開序幕。蘇立人同時也表示，這次的冰封體驗活動，是一個新的概念，利

用新的傳播模式,從公關的角度去切入。甚至,也跟特定電子新聞媒體配合,來做這一系列的活動報導。

● **2009年11月30日在台北街頭製作的戶外冰封公車亭、冰凍路人的廣告活動。**

為了塑造出海尼根所帶來的冰封快感,業者在台北的八德敦化路口,運用裝置藝術的手法,設置了一座「冰封公車亭」,在公車亭上做出類似冰風暴過後的厚重積雪景象,連路過的路人都被冰凍,在東區街頭甚至還把路邊的小轎車拿來做文章,用一顆超過一公尺立方的的冰塊,壓在車頂上,狀似冰塊從天而降。這些景象引起不少路人好奇圍觀,話題性十足!

● **聯絡媒體朋友,做話題追蹤報導。**

由於先前戶外裝置藝術廣告的噱頭,引起媒體的注意,所以使得媒體有興趣對此新聞做後續的調查,來揭開背後的真相。

● **電視廣告、車體廣告、平面廣告,做活動訊息播送。**

電視廣告主要目的在於為整個活動傳播訊息,並且把冰封體驗的感覺先帶給消費者。首先安排了一位國外演員,扮演以「HNN」得名的電視台記者,這位記者為了採訪以冰封體驗卡車為主軸的活動,不斷追蹤報導。他三番兩次在車子路過的地方,埋伏等待,但每次都被冰封卡車帶來的暴風雪吹得東倒西歪,而功敗垂成。經過不斷努力,這位記者終於進入車廂內,體驗了零下八度的冰封快感。不過這其中還有一個容易被容忽略的角色,那就是跟著他一起追蹤報導的攝影記者,廣告裡安排了有趣的對手戲;這一系列的廣告共五支。這個廣告創意也將延伸到現實世界,在12月17日那天,冰封體驗車現身中正紀念堂,這位HNN記者,也會為這個活動拉開序幕。

而車體廣告不外乎就是在公車的外殼及內部、捷運車廂內。平面廣告則是在報章雜誌，還有捷運站、公車站、火車站、地下街及其他公共場所等設置廣告看板。

● **在網路上配合官網，利用關鍵字「冰封體驗」搜尋**

進入歡迎首頁是設計成選擇「YES or NO」而不用填年齡的方式，配上令人高興的歡呼聲，就是充滿海尼根的表現調性。而首頁以海尼根瓶身之水滴設計成世界地圖，透過飛行船可轉動，看到世界各國的海尼根生活體驗。另外透過不同機制延伸深層溝通，如電子報、RSS、活動行事曆，還有海尼根時鐘、可編歌單的播放器等，接下來的許多活動，也將創造更多實體參與者進到官網。

在官網透過超連結，連到此次活動的主題網站，由於強調冷冽、冰酷時尚，因此網站設計載入時降到負二度的溫度計，以及結冰畫面、冰屋的感覺；延伸廣告媒體報導的概念，將整個網站做成像報紙一般，點選主題，直接移至報紙的某個區塊。

● **結合通路**

做六瓶啤酒加送遙控版冰封體驗車模型的促銷活動；另外，除了實體的活動，另外在網路的活動部分則是海尼根系列商品的抽獎，只要加入部落格串連，就有獎品遙控冰封體驗車，以及冰封世界水晶球、霓光冰塊等，非常切合冰封主題。

● **配合活動在12月17日召開冰封體驗記者會，使活動達到高潮。**

在活動當天召開記者會，除了介紹、宣傳活動，並讓記者們親身體驗，為此活動在新聞上露出。

冰封體驗車最具魅力的就是裡頭獨創負八度C體驗空間，以及全程負四度C～負六度C冰封溫控每一瓶海尼根，讓海尼根就像被薄層冰

霧完美包覆般，隱隱透出半透明的晶綠光彩，入喉剎那瞬間釋放極酷口感，享受這過癮的凍感滋味。現場除了停著一台冰凍卡車，在廣場上也搭起活動用的充氣帳篷，辦起海尼根啤酒派對，使整個體驗活動的氣氛炒熱起來。

大型活動－2009 海尼根原裝搖滾台北演唱會

　　海尼根原裝搖滾演唱會邀請Linkin Park、HOOBASTANK、All-American Rejects來台演唱，現場更以搖滾「原裝貨櫃」秀創造最潮的鮮體驗。

　　2009海尼根原裝搖滾台北演唱會的宣傳活動如下：

● 電視廣告，做活動訊息播送。

● 聯絡媒體朋友，做話題追蹤報導。

● 在網路上配合官網，購買海尼根憑發票上網登入以及回答問題即可參加演唱會門票、聯合公園限量T恤抽獎，得獎者於演唱會當天，以影像、文字紀錄並發文，經海尼根認可為海尼根瘋狂份子後，即可獲得相關贈品。

● 與周杰倫及其好友Ric打造之潮流品牌「PHANTACi」合作，推出兩款潮流T恤（如下圖所示），以符合年輕潮流、街頭酷炫的風格。

演唱會唯一獨家贊助品牌，海尼根行銷總監蘇立人表示：「原裝搖滾，就是接軌國際最前線，不斷的提供最前衛、最潮的事物；而海尼根過去行銷手法跨足流行、音樂、電影領域，如今跨足時尚，與「PHANTACi」合作，正是希望能讓更多年輕人瞭解，對於自我不只是要熱血，還要勇於嘗試，走出框架，如同海尼根不會因為其百年老品牌，就失去了新鮮味。」

網路行銷活動－異口同聲

每年海尼根會透過不同的主題包裝，以強化消費者跟啤酒的關聯性，2009年主題則是－讓愛喝啤酒的男性「異口同聲就是要海尼根」。

● 海尼根啤酒廣告案例：異口同聲（2009）

新居落成後，一個穿著時尚的女主人，帶著姊妹淘到處參觀精心佈置的新家，慢慢介紹家中的房間。接下來，女主人略帶點神秘感，打開了收藏服飾，像百貨專櫃一般的房間，當姊妹們看到滿山滿櫃的衣服與高跟鞋，頓時不顧形象忘情的尖叫。忽然她們聽到隔壁間男生更大的歡呼聲，探頭一看才發現，光是看到放滿海尼根啤酒的房間，就讓這群男生，幾近歇斯底里的吶喊起來。

在「就是要海尼根」的核心價值主導下，一直以誇張、幽默抓住消費者目光的海尼根電視廣告。這次更配合網路行銷，網友只要從網路上邀請3個朋友加入，準備好麥克風，一看到海尼根出現後就開始吶喊，在30秒內將音量提高到400分貝，螢幕中的玻璃杯就會在網友面前震破，讓網友也可以跟那群瘋狂的男人一樣，在活動網站上用高分貝的音量，表現出對海尼根誇張的狂熱。

為了要拉近廣告與消費者的距離，米蘭數位科技行銷企畫謝定邦認為，用高分貝震破玻璃杯來表現廣告訴求，是最接近生活的方式。利用吶喊的表現手法，呼應「異口同聲」，讓消費者參與互動遊戲時，也在不知不覺中認同這個品牌形象。

 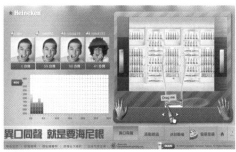

飲 酒 過 量 ， 有 礙 健 康

一個男生，一直沒辦法把冰箱的門蓋上，後來用力一壓，終於蓋上了，結果沒多久整個冰箱門掉了下來，滾出了重裝罐的海尼根，「暢飲，一樣有型」，「海尼根重裝罐，亞洲首賣」，「就是要海尼根」；接著是一個男子在看報紙，看著看著，就說來罐啤酒吧，海尼根重裝罐就往他那邊砸了過去，「暢飲，一樣有型」，「海尼根重裝罐，亞洲首賣」，「就是要海尼根」。

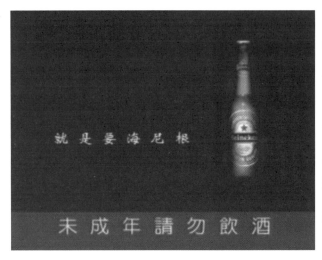

每個海尼根啤酒的廣告，在最後都會加上（左圖）這個slogan「就是要海尼根」，而他的廣告都以偏向幽默風趣的方式來呈現，說明海尼根真的很棒，大家都愛，愛不釋手，而

海尼根的廣告都會有讓消費者有海尼根啤酒是最好喝的感覺，每當喝海尼根的時候就是人生最快樂的時候，而海尼根的價格比起其他的啤酒，差不多，但是對於喝酒的人來說啤酒是最平價的酒，就很符合愚者的特色，物美價廉，價格都不會太高，而在每個廣告最後都會有字幕「就是要海尼根」，說明了除了海尼根之外我都不要，海尼根展現了自信，讓人充滿了歡樂。

網路行銷

海尼根算是很早就正視到網路功效的公司，以公司網站的設立做為廣告活動的一種新溝通手段，此行為也為海尼根打通了新的行銷管道。而為了使消費者能一再登門造訪，海尼根還加入了演唱會訂票劃位服務和聊天室等功能，來使網站更加吸引人，使得上網閱覽的人數大增。由網路建立與消費者間的面對面接觸管道是海尼根目前還在探索的。

海尼根與Yahoo 奇摩、無名小站的合作：活動主要是傳達給年輕網友：海尼根世界級口味、幽默慧詰的品牌個性。Yahoo!奇摩網友分布精準符合海尼根此波活動目標族群，兼具高流量與精準的網路媒體特性，加上豐富多媒體互動創意版位，更為海尼根帶來其他 媒體所不能達到的震撼力與話題性！海尼根與Yahoo!奇摩兩大品牌的結合，讓用Yahoo!奇摩創新互動廣告版位，有了最淋漓盡致的表現，搭配Yahoo!奇摩高流量的強大優勢，讓年輕網友一進Yahoo!奇摩即可看到充滿創意幽默的海尼根廣告，迅速吸引網友Eye Ball，讓海尼根效應在網路上火熱蔓延。創意表現上以「就是要海尼根」最主要概念，以特有的綠色瓶身做為第一識別，另搭配具吸引力的文案，在不甘擾網友的使用行為原則上，成功地創造品牌獨特記憶點及視覺震撼！選擇啤

酒，就是要海尼根，選擇網站，就是要Yahoo奇摩。

【奇摩】

【無名小站】

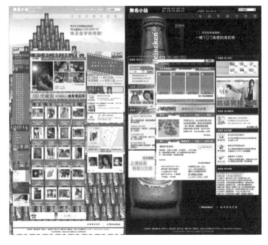

海尼根官網的建置：官網創意除品牌再造外，也注入海尼根新品特色，以「Extra Cold」為例，這是海尼根新喝法，強調「零下2度」。因此網站設計Loading 時降到負2 度的溫度計，以及結冰畫面、冰屋的感覺。歡迎頁則設計選擇「YES or NO」而不用填年齡的方式，配上令人高興的歡呼聲，就是很海尼根的表現調性。而首頁以海尼根瓶身之水滴設計成世界地圖，透過飛行船可轉動，看到世界各國的海尼根生活體驗。

　　蘭數位專案經理陳琦琦曾說：「此強調『你的世界之窗』，運用可滾動的海尼根瓶身、飛行船的游標，讓海尼根帶你進到不一樣的生活，以視覺創意化帶領消費者去體驗感受。」

麥當勞

品牌介紹

「麥當勞」是全世界最大的餐飲服務餐廳領導品牌。1955年，世界第一家麥當勞由創始人Ray A. Kroc在美國芝加哥Elk Grove Village成立，金黃拱門下的美味漢堡和親切服務，立刻受到各界人士的歡迎；現在，全球117個以上的國家總計超過32,000家餐廳，每天服務6,000萬名以上的顧客提供超值美味的麥當勞餐飲。

1984年1月28日，台灣麥當勞在台北市民生東路創立第一家麥當勞餐廳，並以品質、服務、衛生與價值廣獲消費大眾的支持與肯定。成長策略，是將品牌更進一步的擴張發揮並且大量複製連鎖，「得來速」也是這一時期大力推動的發展方向，目的在於提供更高的便利性。

近年來，台灣麥當勞持續創新餐飲服務，推出「24小時營業」餐廳、「歡樂送」外送服務、「為你現做」等服務，並且引進全球美學設計風格餐廳，提供顧客美學風格、美感服務、美味多元的外食饗宴。

麥當勞進入台灣後的品牌形象，可分為三期：

第一期－1984～1994年，品牌建立期，品牌定位為「歡樂美味

在麥當勞」。

　　第二期－1995～2000年，品牌擴充期，實現了百分之百的顧客滿意。

　　第三期－2001～現在，麥當勞新品牌的建立，期待建立「麥當勞歡聚歡笑每一刻」的品牌形象。

　　麥當勞策略運用的360°整合工具包括廣告、媒體購買、公關傳播、促銷訊息、活動、陳列物、地區性行銷、人員激勵方案等連串性的計畫，都是為了增加與顧客的接觸面、傳播訊息。其中，整合行銷傳播針對不同顧客，用不同語言溝通一致的訊息。

整合行銷案例介紹

促銷、陳列

　　定期舉辦促銷活動，以麥當勞快樂兒童餐為例，會配合贈送玩具，每週更換一次，每次為期二十八天。除此之外，臺灣麥當勞從1999年6月開始做促銷券，推出不同的促銷組合餐，促銷是一種「拉力」的行銷手段，對麥當勞也是一種市場區隔的做法。選擇目標物件，鼓勵試用或增加使用頻率，增加「家庭」連結，強化物超所值、負擔得起的印象，並針對不同時段或特性進行促銷活動。例如：超值早餐、超值午餐、夜間大薯買一送一…等。而麥當勞餐廳本身就是一個媒體，每天以三至四十萬人次進出，針對主要訊息的清晰度，可藉由在店內的陳列和品牌忠誠者溝通。

「密碼鮮蝦」行銷

　　台灣麥當勞餐廳自從2003年開始與李奧貝納互動行銷部門合作，「密碼鮮蝦」是台灣麥當勞交付給李奧貝納2006年的首要任務，因此首役的成敗決定一整年的關鍵。廣告內容在傳達麥當勞為了提供消費者更新鮮、美味的鮮蝦，採用先進科技找到綠色養殖的純淨鮮蝦。麥當勞工作人員透過高科技，在東經100度，北緯13度湛藍純淨的海域中一躍入水，搜尋到最新鮮純淨的蝦群，使「新鮮追蹤得到」的核心概念表現極致。

　　配合密碼鮮蝦新產品以及麥香魚的上市宣傳，麥當勞行銷部及李奧貝納再度突發奇想地將麥當勞叔叔立體化，並結合海洋季的視覺表現，讓叔叔以前所未見的潛水造型出現，主要表達出what I eat，what I do的麥當勞精神，塑造出壯觀、且具有強烈視覺印象的海洋情境，以營造新品上市的氣勢與品牌形象。

　　公關活動方面，除了記者會中做宣告新品上市的訊息露出以外，

立體潛水麥當勞叔叔

並請來新一代小天王，同時也是2005米堡代言人「王力宏」跨刀站台，記者會在佈滿海洋風情的游泳池畔舉行，王力宏破例為麥當勞下海尋寶，不僅與廣告創意緊緊相扣，「追蹤新鮮密碼」的意涵也透過人氣偶像的代言做了最佳詮釋及宣傳。

　　此外，李奧貝納充分利用整合行銷傳播的分眾媒體—計程車廣告。運用計程車外身包裝這個獨特的媒體版型及流動特性，讓密碼鮮

蝦「游」上街，期待生動又豐富的海洋氛圍感染整個大台北城，讓廣告創意發送到每一個角落！

網路活動方面，選擇與目標族群相符的年輕人，在「蝦密海島」搜尋著密碼鮮蝦，將整體情境營造為生動又豐富的海洋情境，活潑有趣的創意表現，搭配質感一流的美術設計，加上配套桌布與螢幕保護程式供消費者下載，在新品訊息告知的同時，也以高度規劃力，與整體廣告策略緊密扣連的傑作。

王力宏與蝦女郎

麥當勞行銷經理曹昌榮表示：「麥當勞一向重視在店內的用餐經驗」，因此，在整體製作物的部分，期待透過一致性的訊息傳達，及不間斷的印象累積，來達到廣告宣傳的最大效益。所以，在店內佈置上，完全以海洋季為主要情境，將店內氛圍配合電視廣告的視覺元素，讓消費者充分感受到密碼鮮蝦的熱情招喚！

午餐優惠時段

麥當勞在一片低價當道的浪潮中率先發難，推出79元的超值午餐，引起午餐市場的洗牌，常看到麥當勞的店面在午餐時間大排長龍，顯見其促銷達到了不錯的效果。麥當勞的做法當然引起同業的注意與緊張，肯德基也推出第二套半價的活動。

促銷並非只是打折或降價，既然已成為現在行銷手法的主軸，那就必須要以行銷的角度來思考，否則只是犧牲利潤而得不到預期的銷

量提昇。麥當勞在午餐時間直接降價，其訴求的目標對象就是上班族群，由於79元比起一般的便當來說相差不多，甚至比許多小吃店或餐廳便宜，所以會很有吸引力；而肯德基的第二套半價的促銷，雖然不限時間，但因為只有一個人的時候就無法適用，所以在消費者的選擇上會有些限制，以吸引力來說，可能就沒有麥當勞那麼直接。

自由配優惠卷

在市場行銷中，業者常常以不同的促銷方法配合廣告活動以加速消費的購買意願。長久以來，麥當勞自由配優惠券的促銷手法早已被廣泛地應用，使用優惠券行銷除了要吸引潛在的消費者之外，也為了維持原有消費者再度購買的意願，其目地無非是要達到競爭上的優勢。

麥當勞優惠券刊登在各種廣告媒體或產品包裝上，提供消費者價格折扣、優惠價格，或購費產品的優惠方式。麥當勞運用差別訂價的行銷策略鞏固原有的顧客並且招攬到較低階位的顧客。

麥當勞的企業社會責任，除了最基本嚴格的食品安全之外，也延伸至人才培育、環保節能及兒童教育與醫療層面。在食品安全方面，有些人可能認為麥當勞的東西不營養、不健康，但是麥當勞在標示成分這方面，也做了很大的工夫，讓消費者在食用的同時，可以清楚知道自己吃進了多少熱量，他們也在食品來源的管理做到標準化，畢竟是做餐飲業，最基本的食品安全，是取得消費者信任的其中一步。

公益方面則是大家熟悉的「麥當勞叔叔之家兒童慈善基金會」，是一個非營利性組織，主要的公益捐贈來自麥當勞企業與企業合作夥伴，其餘則來自認同並願意支持基金會理念的廣大個人與其他企業捐

助，協助推廣兒童醫療與兒童教育的公益活動，落實麥當勞創始人 Ray Kroc所提出「取之於社會，用之於社會」的理念，堅持負起優良企業的責任。自此，每年皆投入大量心力於兒童的公益與慈善領域，為使更多兒童在健康與快樂的環境下成長而努力。

電視廣告

麥當勞在台灣能受到如此熱烈的歡迎，有一部分都是因為電視廣告的行銷，利用廣告行銷的策略，建立了麥當勞QSCV的世界品牌形象，它利用了大量的廣告經費，成功的進入台灣市場，再利用廣告的賣點，推銷他獨有的速食產品，並取得消費者的認同。其廣告展示方式分為影像及書面，以影像為主，透過電視的傳播，傳達資訊給消費者，引起消費者的迴響，使消費者對該項產品產生深刻的印象，進而達到廣告的目的。

在麥當勞的廣告製作方面，包含生活方式、音樂、心情/影像、代言人四大部分。

生活方式－麥當勞的生活片段主要是著重在於生活化與本土化，此特色在於親近觀眾的生活，以達到宣傳的目的。

音樂－麥當勞的廣告通常都會播放較輕快的歌曲，與上述的愉快心情相結合，增加消費者對這個廣告的印象。

心情/影像－廣告中的人們總是面帶微笑，象徵麥當勞帶來歡樂，使消費者看完廣告後能有愉快的心情。

代言人－自90年代起，開始邀請藝人來為麥當勞代言拍攝廣告。

代言人如下：

聶　雲 90年 麥當勞麥脆雞/麥當勞99 自由配篇

陳柏霖 91年《麥當勞冰心雪糕》

范植偉 91年「和風飯食系列」

孫燕姿 麥當勞2002年度品牌新聲代言人

王力宏 92年麥當勞大中華區代言人

（大陸、台灣、新加坡、馬來西亞）

蔡依林 92年麥當勞廣告搖搖薯條及世界兒童日公益

93年代言麥當勞布穀堡

朱木炎 94年麥當勞有氧早餐

蔡依林 94年代言搖搖薯條（with Destiney's Child）

楊丞琳 96年代言勁辣雞腿堡

王力宏 97年代言田園培根雙牛堡

倪安東 98年代言美式咖啡

郭采潔 99年代言加購 Hello Kitty

倪安東 99年代言夜間薯條買一送一

　　電視廣告的賣點包含了好玩與喜悅、便利及仰慕三部分，隨著時代的變遷，這三項賣點與廣告的內容形成了密不可分的關係，任何一支麥當勞廣告，不管是否為名人代言，這三大元素都是不可或缺的。

　　好玩與喜悅－「麥當勞歡聚歡笑每一刻」廣告中，人們一直帶著微笑，象徵麥當勞帶來的歡樂。

　　便利－「麥當勞－得來速」強調他的便利性，讓趕時間的人可以快速取得。

　　仰慕－麥當勞在2003年推出新的品牌定位「I'm lovin' it」我就喜歡，為了讓這個新印象能夠更有效的傳遞，麥當勞請來王力宏擔任中文版的品牌廣告歌手及代言人，推出後，成為年輕族群的最愛。

● 形象廣告：2003麥當勞形象廣告

　　這支廣告找王力宏來代言，也順便讓大家知道麥當勞的新精神「I'm lovin' it－我就喜歡」，一樣歡樂的氣氛，動感的音樂，給人一種好心情，也強調自我，想做什麼就做，喜歡什麼就去，因為「I'm lovin' it－我就喜歡」，滿激勵人心的一句話，很符合現在的年輕人有夢最美的感覺，廣告詞還提到「一個人不煮，也不會餓肚」，不忘提醒觀眾麥當勞就是你最好的選擇！

● 促銷產品：「雞腿系列漢堡」廣告

　　這支廣告其實就滿符合麥當勞的形象，背景音樂很輕鬆，畫面很溫暖很歡樂的氣氛，「帶著不同的心情，尋找適合的味道」，不管是一個人吃還是兩個人吃，在廣告裡面每個人都是很享受的，且廣告最後還提醒觀眾還有超值午餐的時段優惠，想吃也可以便宜吃。

● 優惠廣告：麥當勞薯條—倪安東—大薯買一送一

　　廣告一開始，就說為什麼薯條有長有短，原來麥當勞的薯條是用整顆馬鈴薯切製而成的，以這樣的開頭順便告訴消費者麥當勞食品的天然，品質的保證。然後就是告訴大家晚上十點後，有大薯買一送一的活動，因為有些麥當勞不是24小時都有營業，所以廣告最後出現的logo還是要告訴大家一個麥當勞的消息，就是麥當勞也有24小時營業。

● 麥當勞週一至週日超值早餐、午餐CF

1. 廣告訴求：推出週一至週日都有超值早餐、午餐，打破原本消費者認為週末沒有超值早、午餐的思維，讓消費者感受到週末也能花少

少的錢吃麥當勞，降低麥當勞是高消費的想法。

2. 廣告手法：一般消費者聽到「超值早、午餐」會直接聯想到今天是非週末此一觀點做發想，超值早餐特別以一般上班族和學生需要趕著上班上課的觀點切入，以融入消費者生活的方式，使消費者感覺此一廣告很貼近自己，超值早餐早餐、午餐CF都是在推動不分六日的此一觀點。

3. 廣告效益：此一廣告沒有邀請藝人代言，觀眾感覺很貼近自己的生活，給予消費者的記憶點即是，想吃麥當勞早餐不用特地挑週一至週五的時段，在消費者感受方面，會覺得麥當勞又給予更多的優惠，增加消費者對麥當勞的正面評價。

● 麥當勞晚餐第二套半價CF

1. 廣告訴求：麥當勞以推出晚餐時段第二套半價優惠方案，利用消費者想以更低廉的價格消費麥當勞的心態出發，一方面迎合消費者需求，另一方面也推出優惠方案吸引更多人來消費。

2. 廣告手法：此一廣告以感性為出發點，利用人們是群居動物，時常都需要「一個伴」的觀點出發，告訴消費者消邀請朋友一起吃麥當勞，可以得到更多優惠。

3. 廣告效益：原本晚餐時段並沒有任何優惠方案，會讓消費者覺得以原價吃麥當勞的消費偏高，會降低消費者消費的意願，麥當勞以此一觀點出發，一方面考慮到消費者的消費觀感，另一方面也為自己創造更多商機，以雙贏的方式獲得更多消費者的認同。

促銷廣告

● 創意建立活動的基礎以及與顧客的親密性，並整合傳遞訊息。

● 麥當勞叔叔，兒童餐的廣告為建立兒童偏好，並加強父母親的認知。

以麥當勞的廣告來講，強調的元素是：音樂、旋律、溫馨正面的路線，加上打動人心的趣味點，更重要的是絕對的生活化與本土化。此外，雖然麥當勞是西式速食，但除了麥當勞叔叔外，台灣麥當勞的廣告片，看不到金髮碧眼的西方人，而是黑頭髮、黃皮膚的東方人組合。舉例來說，前一陣子電視出現一支很可愛的廣告，內容描述一個坐在嬰兒車的小嬰兒，盪到高處看到窗外麥當勞標誌就笑，看不到就皺眉。這支廣告來自美國，但引進台灣後，小嬰兒就變成了東方娃娃，母親也由一位東方女性來扮演。

一位廣告界人士分析，麥當勞的廣告基本上並不花俏，創意也不算太高，「它可能只是把一個事實、現象，用廣告的手法表現出來而已。」以嬰兒的這支廣告來說，麥當勞對小孩子有一股莫名的吸引力幾乎是公認的事實。「它只是把這一個發現極大化。」這位廣告界人士說。

社會責任（組織擔任社會責任、主動關懷、消除負面形象）

麥當勞爆發炸油事件後，經理並在記者會道歉，說明每天會增加兩次試紙檢測，而且在後續推出「安心滿分」行銷方案，在電視上推出安心滿分系列廣告、網站上做品管監測，讓消費者安心。

在網路上詳細的說明麥當勞在不同區域中所做的管理，分為油品品質、清潔衛生、安全檢驗。

原文資料及影片介紹

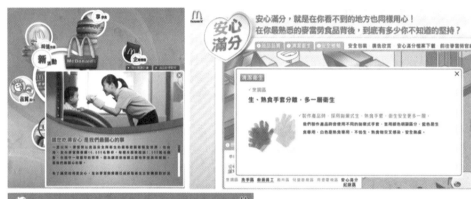

中時健康（新聞稿）

炸油超標12倍　麥當勞道歉

【中國時報 林金池、張翠芬／綜合報導】 2009.06.30

速食業者油品問題引發民眾關切，台北縣政府昨天公布廿二日速食業者油品抽驗結果，其中麥當勞土城中央路分店竟超標十二倍，肯德基、達美樂也不合格。麥當勞當場道歉，並承諾自七月一日起，將每天增加兩次試紙檢測，以做為換油標準。

參考書目

● 方世榮‧駱少康‧陳冠樺譯（2010）。Philip Kotler‧Kevin Keller原著。《行銷管理學 13/e》。台北：東華

● 王宏仁譯（2010）。Peter Corrigan原著。《消費社會學》。台北：群學

● 王福闓（2009）。〈宗教型事件行銷關鍵要素之研究-以台北葛福臨福音節慶為例〉。世新大學公共關係暨廣告研究所碩士論文，台北市

● 台灣奧美互動行銷譯（2008）。Wertime & Fenwick原著。《數位行銷》。台北：天下雜誌

● 白滌清譯（2008）。Hoyer & MacInnis原著。《消費者行為》。台北：普林斯頓

● 余宜芳譯（2004）。傑若德‧查爾曼原著。《為什麼顧客不掏錢：解讀消費者心智密碼》。台北：早安財經

● 李國瑋、伍家德譯（2010）。Ireland/Hoskisson/Hitt原著。《策略管理（第九版）》。台北：滄海圖書

● 李斯毅譯（2005）。潘蜜拉丹席格原著。《心靈消費》。台北：沃爾文化

● 林東翰、馬莉珍譯（2011）。Bill Tancer原著。《網路行為的關鍵報告》。台北：商周出版

● 林俊仁（2009）。Jack R. Meredith、Samuel J. Mantel, Jr.原著。《專案管理》。台北：雙葉書廊

● 洪光宗、洪光遠、朱志忠譯（2008）。Hawkins等原著。《消費者行為》。台北：東華書局

● 陳瑞峰、林靜慧譯（2008）。Leonard H. Hoyle原著。《活動行銷》。台北：揚智—節慶、會議、展覽與觀光專案

● 孫秀蕙（2009）。《公共關係：理論、策略與研究實例》。台北：正中書局

● 展覽行銷與管理實務（一版）-姚晤毅

● 徐世同譯（2008）。Kotler原著。《策略品牌管理》。台北：華泰文化

● 祝道松/洪晨桓/陳俋綱譯（2009）。Peter & Olson原著。《消費者行為》。台北：滄海

● 翁秀琪（2011）。《大眾傳播理論與實證（三版）》，台北：三民

● 張宇樑、吳（木宿）椒譯（2011）。John Creswell等著《研究設計：質化、量化及混合方法取向》。台北：學富文化

● 張春興（2009）。《現代心理學 重修版》台北：東華

● 許安琪（2001）。《整合行銷傳播引論：全球化與在地化行銷大趨勢》。台北：學富

● 許晉福、戴至中、袁世珮譯（2002）。Mark, M. & Pearson, C.S著。《很久很久以前：以神話原型打造深植人心的品牌》。台北：希格羅・希爾

● 陳一香（2007）。《公共關係：理論、策略與應用》。台北：雙葉書廊

● 陳世欽譯（2006）。Sher, Barbara原著。《掃描族・整合勝出》。台北：久周出版

● 陳正芬譯（2004）。James D. Lenskold原著。《行銷ROI》台北：美商麥格羅・希爾

● 陳尚永譯（2009）。Wells等原著。《廣告學》台北：華泰文化

● 陳芸芸、劉慧雯譯（2010）。McQuail，《McQuail’s 大眾傳播理論》。台北：韋伯

● 陳皎眉、林宜旻、徐富珍、孫旻暐、張滿玲（2009）。《心理學》。台北：雙葉書廊

● 陳智文譯（2007）。Dawn Iacobucci & Bobby Calder原著。《凱洛格管理學院整合行銷:理論與實務》。臺北：商周出版

● 陸洛、吳珮瑀、林國慶、高旭繁、翁崇修譯（2007）。John D. DeLamater、Daniel J. Myers原著。《社會心理學》台北：心理

● 彭南儀譯（2010）。青木貞茂原著。《C型行銷：下一波商品熱賣密碼》。台北：天下雜誌

● 曾光華（2009）。《行銷企劃：邏輯、創意、執行力》。台北：前程

● 曾光華譯（2009）。Malhotra等著《行銷研究》。台北：歐亞

● 游恆山譯（2008）。Brian Mullen、Craig Johnson原著。《消費者行為心理學》。台北：五南

● 黃明蕙譯（2006）。ASSAEL原著。《消費者行為:策略性觀點》。台北：雙葉

● 黃振家譯（2007）。Wimmer, Roger D./ Dominick, Joseph R.。《大眾媒體研究導論》。台北：學富

● 會議與展覽產業理論於與實務--蔣家皓、許興家、楊筠芢

● 楊琲琲、王承志譯（2009）。Douglas B. Holt原著。《從Brand到Icon，文化品牌行銷學：

看世界頂尖企業如何創造神話、擦亮招牌》。台北：臉譜

● 楊實燦譯（2011）。青Chris Brogan、Julien Smith原著。《社群創造信任》。台北：智園

● 葉日武、林玥秀著（2010）。《管理學：服務時代的決勝關鍵》。台北：前程文化

● 葉鳳強、吳家德（2009）。《整合行銷傳播：理論與實務》。台北：五南

● 廖淑伶譯（2010）。《行銷管理》。台北：高立圖書

● 劉文良（2009）。《專案管理--結合實務與專案管理師認證》。台北：碁峰

● 劉典嚴（2006）。《促銷策略》。台北：普林斯頓

● 劉孟華（2010）。James P. Lewis原著。《專案管理聖經：怎樣運用9大知識領域、5大程序成功完成專案》。台北：臉譜

● 潘中道、胡龍騰譯（2010）。Ranjit Kumar著《研究方法：步驟化學習指南（第二版）》。台北：學富文化

● 蔡承志譯（2008）。Douglas Rushkoff原著。《大腦操縱：行銷不能說的祕密》台北：貓頭鷹

● 鄭自隆（2008）。《電視置入：型式、效果與倫理》，台北：正中書局

● 黎士鳴譯（2009）。John W. Santrock原著。《心理學概論》台北：雙葉書廊

● 蕭湘文（2009）。《廣告傳播（第二版）》。台北：威仕曼文化

● 錢玉芬（2007）。《傳播心理學》。台北：威仕曼文化

● 戴至中、袁世珮譯（2004）。Don E. Schultz、Heidi Schultz原著。《IMC整合行銷傳播：創造行銷價值、評估投資報酬的5大關鍵步驟》。台北：美商麥格羅‧希爾

● 戴國良（2007）。《整合行銷傳播-全方位理論架構與本土實務個案（第二版）》。台北：五南

● 戴國良（2007）。《促銷管理－實戰與本土案例》。台北：五南

● 戴國良（2010）。《品牌行銷與管理》。台北：五南

● 戴國良（2010）。《行銷企劃管理：理論與實務（三版）》。台北：五南

● 謝邦昌、蘇志雄、鄭宇庭（2009）。《行銷研究》。台北：鼎茂

● 羅世宏譯（2010）。Werner J. Severin，James W. Tankard, Jr. 等著。《傳播理 論－起源、方法與應用（三版）》，台北：五南

國家圖書館出版品預行編目資料

整合行銷傳播策略與企劃／王福闓著.
－－第一版－－臺北市：宇炯文化出版；
紅螞蟻圖書發行，2011.11
面　　公分－－（文化與創意；4）
ISBN 978-957-659-876-0（平裝）

1.行銷傳播 2.行銷管理

496　　　　　　　　　　　100021556

文化與創意 04

整合行銷傳播策略與企劃

作　　者／王福闓
美術構成／Chris' office
校　　對／楊安妮、周英嬌、王福闓
發 行 人／賴秀珍
榮譽總監／張錦基
總 編 輯／何南輝
出　　版／宇炯文化出版有限公司
發　　行／紅螞蟻圖書有限公司
地　　址／台北市內湖區舊宗路二段121巷28號4F
網　　站／www.e-redant.com
郵撥帳號／1604621-1　紅螞蟻圖書有限公司
電　　話／(02)2795-3656（代表號）
傳　　真／(02)2795-4100
登 記 證／局版北市業字第1446號
法律顧問／許晏賓律師
印 刷 廠／卡樂彩色製版印刷有限公司
出版日期／2011年 11 月　第一版第一刷

定價 360 元　　港幣 120 元

ISBN　978-957-659-876-0　　　　　Printed in Taiwan